정원도감

경상북도산림환경연구원

발간사

정원(庭園, garden)은 우리의 일상생활과 매우 밀접하게 관련이 있습니다. 우리 조상부터 일상생활에서 정원을 가꾸며 살아왔다는 것은 여러 곳에서 볼 수 있습니다. 집 앞에 울타리를 만들고, 마당에 나무와 꽃을 심고, 기르는 모든 과정을 정원을 만드는 과정이라고 볼 수 있습니다.

우리나라에서 정원과 관련된 공식적인 행사는 2010년 경기정원박람회를 시작으로 2013년 순천만 국제정원박람회, 2014년 코리아가든쇼, 서울국제정원박람회 등이 지속적으로 개최되고 있습니다.

이를 계기로 정원에 대한 관심이 증대되어 2015년 순천만국가정원을 시작으로 2019년 태화강국가정원이 지정되었고, 세미원, 죽녹원, 창포원 등 3곳이 지방정원으로 등록하였고, 23개소가 설계·조성 중에 있습니다.

경상북도산림환경연구원에서도 산림자원 보호와 연구목적으로 지난 50여 년간 가꾸어 온 우수한 식물자원을 활용하여 도민들의 삶의 질을 향상시키고 지역경제 발전에 기여하고자 지방정원을 조성하였습니다.

본 도감은 지방정원 조성구역에 식재되어 있는 수목과 지피식물 147종에 대해 누구나 알기 쉽게 야외에서 직접 비교 관찰할 수 있도록 사진과 함께 꽃피는 시기, 열매 맺는 시기, 생태적 특성, 이름의 유래 등을 정리하였습니다. 이번에 발간하는 정원도감이 조금 더 유익하게 지방정원을 관람하는데 기여할 수 있기를 기대합니다.

2021년 5월

경상북도산림환경연구원장

일러두기

1. 본 도감은 지방정원 구역에 식재되어 있는 수목 80종, 지피식물 67종 총 147종에 대해 수록하였습니다. 아직 수형이 잡히지 않아 나쁘거나 개화 및 결실이 이루어지지 않은 것들은 포지 및 외부에서 촬영한 것을 수록하였습니다.

2. 학명 및 식물명은 대한식물도감(이창복, 1980), 한국조경 수목도감(김용식 외 3인, 1998), 한국수목도감(산림청, 1992), 한국의 자원식물(김태정, 1996), 조경수목학(한국조경학회, 1994), 국립수목원 국가생물종지식정보시스템 등을 참조하였고, 도입종이나 국명이 확립되지 않은 종은 일반적으로 불리는 이름으로 채택하여 설명하였습니다.

3. 도감 배열은 침엽수, 활엽수, 지피식물로 나누어 누구나 찾아보기 쉽게 한글 자음모음의 배열 순서대로 정리하였습니다.

4. 본 도감은 나무는 수형을 기본으로 하여 수피, 잎, 꽃, 열매 등 기관 중 특징적인 부분은 중점적으로 담았으며, 지피식물은 꽃을 기본으로 하여 잎, 열매, 모양 등 특징적인 부분을 담았습니다. 지방정원에 식재된 식물에 대하여 지속적으로 내용 보완과 수정, 추가 등 개정작업을 진행할 예정입니다.

차례 / Contents

침엽수

- 9 낙우송과
- 10 소나무과
- 13 은행나무과
- 14 측백나무과

활엽수

- 21 갈매나무과
- 22 감나무과
- 23 감탕나무과
- 25 꼭두서니과
- 26 노박덩굴과
- 28 느릅나무과
- 31 능소화과
- 32 단풍나무과
- 35 돈나무과
- 36 때죽나무과
- 37 마편초과
- 38 매자나무과
- 39 목련과
- 41 무환자나무과
- 42 물푸레나무과
- 46 버드나무과
- 49 범의귀과
- 50 벼과
- 51 부처꽃과
- 52 뽕나무과
- 53 아욱과
- 54 옻나무과
- 55 운향과
- 56 인동과

59 자작나무과	84 층층나무과
60 장미과	87 콩과
73 진달래과	90 회양목과
79 차나무과	
80 참나무과	

지피식물

93 국화과	141 사초과
102 꽃고비과	146 석죽과
103 꿀풀과	148 쇠비름과
116 돌나물과	149 수선화과
118 마편초과	151 쥐손이풀과
119 미나리아재비과	152 지칫과
121 백합과	153 천남성과
129 범의귀과	154 초롱꽃과
131 벼과	156 협죽도과
135 부처꽃과	157 화본과
136 붓꽃과	159 회양목과

부록

163 정원도감 열람표

침엽수
Needle-leaf tree

- 낙우송과
- 소나무과
- 은행나무과
- 측백나무과

낙우송과 메타세쿼이아
Metasequoia glyptostroboides Hu & W.C.Cheng

▲ 수형

▲ 잎

꽃 피는 시기	4월
열매 맺는 시기	6~7월
특 징	화석식물인 Sequoia와 후에 구별된 식물이라는 뜻에서 유래된 이름이다. 석탄기 이전에 번성한 식물로 현재는 중국 일부에서 자생하고 있으며 '살아 있는 화석'이라 불린다. 3월에 피는 꽃은 가지 끝에 달려 밑으로 늘어진다. 곧게 뻗는 수형이 아름다워 관상용으로 심어 기른다.

소나무과 소나무
Pinus densiflora Siebold & Zucc.

▲ 수형

▲ 잎

꽃 피 는 시 기	5월
열매 맺는 시기	9~10월
특　　　　징	우리말 '솔'에서 유래되었으며, 솔은 으뜸이라는 뜻의 '수리'라는 말이 변한 것으로 나무 중에 최고 나무라는 뜻을 가지고 있다.

5월 새 가지의 아래쪽에 여러 개의 수꽃이 피고, 위쪽에 자주색의 암꽃이 1~3개가 핀다. 잎이 2개씩 뭉쳐나는 특징이 있다. 햇볕을 좋아하며 건조하고 척박한 땅에서도 잘 자란다.

번식방법은 가을에 종자를 건조저장했다가 파종 1개월 전에 노천매장한 후 사용한다.

소나무과 반송
Pinus densiflora f. *multicaulis* Uyeki

▲ 수형

▲ 수피

꽃피는 시기 | 5월

열매 맺는 시기 | 10월

특 징 | 줄기의 밑부분에서 굵은 가지가 갈라져 수형이 반원형을 이루는 모양을 소반이나 쟁반 모양에 비유하여 유래된 이름이다. 솔방울의 길이가 소나무에 비해 훨씬 작은 점으로 구별한다.

5월 새 가지의 아래쪽에 여러 개의 수꽃이 달리고 위쪽에 자주색의 암꽃이 1~3개가 달린다. 정원에 독립수로 심거나 연못가에 심어 관상한다.

소나무과 황금소나무
Pinus densiflora 'Aurea'

▲ 수형

▲ 잎

꽃피는 시기 | 5월

열매 맺는 시기 | 9~10월

특   징 | 소나무의 한 품종으로 전 세계적으로 매우 희귀한 것으로 알려져 있다. 잎의 기저부만을 빼고는 잎 전체적으로 황금색을 띤다. 예부터 천기목(天氣木)이라고 하여 잎의 변하는 빛깔을 보면 다가올 날씨의 변화를 짐작할 수 있다고 전하는 등 귀하게 여겼다.

은행나무과 은행나무
Ginkgo biloba L.

▲ 수형

▲ 열매

꽃피는 시기	8월
열매 맺는 시기	10월
특 징	은빛나는 살구씨를 닮았다고 하여 붙여진 이름이다. 결실이 될 때까지 20~30년이 걸리기 때문에 손자대에 가서나 열매를 딸 수 있다고 하여 '공손수', 잎모양이 오리발을 닮았다고 하여 '압각수'라고도 한다.
	4~5월에 꽃이 피며 수꽃은 꼬리처럼 생긴 꽃차례에 연한 노란색으로 피고 암꽃은 짧은 가지 끝에 녹색으로 핀다. 가로수나 정원수로 많이 심는다.

측백나무과 뚝향나무
Juniperus chinensis var. *horizontalis* Nakai ex Uyeki

▲ 수형

꽃피는 시기	4월
열매 맺는 시기	10월
특 징	원래 저수지나 밭둑의 토양유실 방지 등 사방 재해 방지용으로 심겨지기 시작하여 나무 이름도 둑에서 자라는 향나무라는 뜻에서 뚝향나무라는 이름이 붙여졌다고 한다. 뚝향나무는 향나무의 변종 중 하나로 우리나라의 특산식물로 앉은향나무라고도 한다.
	향나무와 비슷하지만 똑바로 자라지 않고 줄기와 가지가 비스듬히 자라다가 전체가 수평으로 퍼지는 것이 다른 점이다. 키는 3~4m 정도까지 자라지만 가지가 옆으로 길게 뻗어 수관 지름이 4~5m에 이르기도 한다. 최근에는 꺾꽂이로 번식시켜 정원용으로도 많이 활용되고 있다.

측백나무과 에메랄드 골드
Thuja occidentalis cy. Golden Emerrald

▲ 수형

▲ 잎

꽃피는 시기 | 4~5월

열매 맺는 시기 | 9~10월

특　　　징 | 측백나무과 나무로 미국측백나무라고도 불리는 에메랄드골드는 수피는 연한 노란빛을 띤 갈색이며 군데군데 얇게 벗겨지고 가지는 수평으로 퍼진다.

잎은 조밀하며 황금색을 띠고 자연스럽게 자라는 원추형의 수형이 아름답고 잎의 향기가 좋아 꽃이 없는 계절에 포인트 식재 조경수로 매우 아름답다.

측백나무과 에메랄드 그린
Thuja occidentalis 'Emerald Green'

▲ 수형

▲ 잎

꽃 피 는 시 기 | 4~5월

열매 맺는 시기 | 9~10월

특   징 | 서양이 원산지인 측백나무이며 잎이 연중 밝은 녹색이어서 붙여진 이름이다.

4~5월 가지 끝에 꽃이 피며 잎이 조밀하고 원추형으로 자란다. 관상용으로 심어 기른다.

측백나무과 향나무
Juniperus chinensis L.

▲ 수형

▲ 잎

꽃피는 시기	4월
열매 맺는 시기	10월
특 징	향나무는 나무에서 향기가 나고, 심재(心材) 조각을 제사용 향료 재료로 사용한데서 유래된 이름이다. 양수로서 척박한 토양에서도 잘 자라고 공해에 강하다. 전국에 식재하지만 특히 울릉도에 많이 자랐으나 대부분 없어지고 관상용으로 흔히 심는다. 목재는 연필재·조각재·가구재·장식재 등에 사용한다. 사과, 배, 모과 등에 큰 피해를 주는 적성병(赤星病)의 중간 기주이므로 주의해야한다.

측백나무과 화백

Chamaecyparis pisifera (Siebold & Zucc.) Endl.

▲ 수형

▲ 잎

꽃피는 시기 | 4월

열매 맺는 시기 | 10월

특   징 | 잎 뒷면에 흰 가루가 많이 있어 편백보다 희게 보이는 것은 꽃에 비유한 것에서 붙여진 이름이다.

편백은 잎 뒷면의 배열이 Y자 모양인데 비해 화백은 W자 모양인 점이 다르다. 4월 가지 끝에 수꽃은 작은 타원모양이고 암꽃은 별모양으로 핀다. 열매는 둥글며 10월에 갈색으로 익는다.

활엽수
Broadleaf tree

- 갈매나무과
- 감나무과
- 감탕나무과
- 꼭두서니과
- 노박덩굴과
- 느릅나무과
- 능소화과
- 단풍나무과
- 돈나무과
- 때죽나무과
- 마편초과
- 매자나무과
- 목련과
- 무환자나무과
- 물푸레나무과
- 버드나무과
- 범의귀과
- 벼과
- 부처꽃과
- 뽕나무과
- 아욱과
- 옻나무과
- 운향과
- 인동과
- 자작나무과
- 장미과
- 진달래과
- 차나무과
- 참나무과
- 층층나무과
- 콩과
- 회양목과

갈매나무과 대추나무
Ziziphus jujuba var. *inermis* (Bunge) Rehder

▲ 수형

▲ 열매

꽃피는 시기 | 5~7월

열매 맺는 시기 | 9~10월

특 징 | 새싹이 트는 시기가 아주 늦다. 다른 나무가 새싹을 틔운 지 한참 되었을 때야 서서히 새싹을 내는 나무로 잎이 늦게 나오기 때문에 양반나무라고 부르기도 한다.

초여름에 누런 녹색의 꽃이 취산(聚繖) 화서로 피고 열매인 대추가 가을에 붉게 익는다. 열매는 식용하거나 약용하고 목질이 단단하여 판목, 떡메, 달구지의 재료 따위로 쓴다.

감나무과 감나무
Diospyros kaki Thunb.

▲ 수형

▲ 잎

꽃 피는 시기	5~6월
열매 맺는 시기	10월
특　　　징	감의 어원은 '갈'이다. 제주도 방언 '갈중이' 또는 '갈옷'에서 '갈'이 유래되었으며 감물들인 옷을 뜻한다. 따라서 감나무는 감물을 들이는 나무라는 뜻이다. 5~6월 종 모양의 연한 노란색 꽃이 피며 어린가지에 갈색털이 있는 것으로 고욤나무와 구별한다. 중부 이남의 따뜻한 곳에 심어 기른다.

감탕나무과 꽝꽝나무
Ilex crenata Thunb.

▲ 수형

▲ 잎

꽃피는 시기 | 7월

열매 맺는 시기 | 9~11월

특   징 | 불에 얹어놓으면 잎 속에 수증기가 팽창하여 잎이 퍼지는 소리가 꽝꽝하고 소리를 내어 꽝꽝나무라고 부른다.

여름에 흰색의 잔 꽃이 피고 열매는 둥근 핵과로 가을에 까맣게 익는다. 가지가 치밀하고 잎이 밀생하여 좋은 수형을 이루며 수세가 강건하고 맹아력이 좋다. 내음력이 강하여 나무 밑에도 잘 자란다.

감탕나무과 낙상홍
Ilex serrata Thunb.

▲ 수형

▲ 잎

꽃피는 시기 | 6월

열매 맺는 시기 | 10월

특   징 | 서리가 내릴 때쯤 열매가 붉게 익은 모습이 보인다고 하여 '낙상홍(落霜紅)' 이라는 이름이 붙었는데, 초여름에 피는 연분홍색의 꽃이 은은하며, 가을에서 겨울동안 달려있는 열매는 흰 눈과 어울리면 더욱 아름답다.

건조하지 않은 토양에서는 어디서나 잘 자라고 추위에 강하며 맹아력과 내조성, 내공해성이 강하여 바닷가와 도심지에서도 생장력이 좋다. 열매가 아름다워 조경수로 식재하거나 꽃꽂이 소재로 이용한다.

꼭두서니과 꽃치자
Gardenia jasminoides var. *radicans* (Thunb.) Makino

▲ 수형

▲ 꽃

꽃피는 시기 | 7~8월

열매 맺는 시기 | 9월

특   징 | 치자나무와 비슷하나 잎과 꽃이 작으며, 기본 변종은 꽃잎이 만첩으로서 천엽치자라고 하지만 모두 같은 변종으로 취급하기도 한다. 치자에 비해 꽃이 아름답기 때문에 꽃치자라고 하며 내한성이 약하여 중부지방에서도 온실에서 가꾸고 있다.

꽃은 7~8월에 흰색으로 피고, 가지 끝에 있는 작은 꽃자루에 달린다. 열매는 모서리각이 있고 9월에 주황색으로 익는다. 열매는 약으로 사용하고 염료로도 사용한다.

노박덩굴과 참빗살나무
Euonymus hamiltonianus Wall.

▲ 수형

▲ 열매

꽃피는 시기 | 5~6월

열매 맺는 시기 | 10~11월

특 징 | 나뭇잎이 빗살 모양을 하고 있고, 이 나무의 뿌리로 머리를 빗었다하여 붙여진 이름이라 한다.

5~6월 지난해 가지의 잎겨드랑이에서 나온 꽃대에 자잘한 연녹색의 꽃이 피며 열매는 둥글고 각진다. 가을부터 겨울에 이르는 동안 분홍색 열매가 환상적이다.

노박덩굴과 화살나무
Eunomus alatus (Thunb.) Siebold

▲ 수형

▲ 수피

꽃피는 시기	5월
열매 맺는 시기	10~12월
특 징	줄기에 날개가 있어 마치 화살촉의 날개처럼 보인다고 하여 유래된 이름이다.
	5월에 황록색의 꽃이 2~3개씩 모여 피며, 가을에 붉게 물드는 단풍이 매우 아름답다.
	부식질이 많고 조금 건조한 곳에서 자란다.

느릅나무과 느릅나무
Ulmus davidiana var. *japonica* (Rehder) Nakai

▲ 수형

▲ 잎

꽃 피는 시기	4~5월
열매 맺는 시기	10월
특 징	느릅나무는 느름나무에서 유래된 것으로, 느름이란 힘없이 늘어진다는 '느른히'에서 온 말이다. 느릅나무 껍질을 물에 담가 두면 끈끈한 진이 많이 나오는데, 씨에도 끈적끈적한 점액질이 들어있다. 이 모습을 보고 이름을 붙인 것으로 짐작된다.

잎이 피기 전인 4~5월에 피고 갈자색이며, 네갈래로 갈라진다. 우리나라 중부 이북의 산기슭에 자라고 수관이 넓게 퍼져 녹음수로 많이 이용한다. 목재는 건축내장재, 선박재, 악기재 등으로 쓰인다.

느릅나무과 느티나무
Zelkova serrata (Thunb.) Makino

▲ 수형

▲ 잎

꽃피는 시기 | 4~5월

열매 맺는 시기 | 5월

특 징 | '누렇다'의 '눌'이 '눝'으로 변한 다음 '홰나무'와 합쳐지면서 누튀나모→느틔나모→느티나무로 변했다. 마을입구에 신목으로 되어있어 예로부터 우리 민족과 끈끈한 관계가 있다고 하여 밀레니엄 나무로 선정되었다.

꽃은 담황록색으로, 4~5월에 수꽃은 새 가지의 아래쪽에 모여 피고, 암꽃은 새 가지의 위쪽에 1~3개가 핀다. 산기슭과 들에서 자란다.

느릅나무과 팽나무
Celtis senensis Pers.

▲ 수형

▲ 잎

꽃 피 는 시 기 | 4~5월

열매 맺는 시기 | 9~10월

특　　　징 | 열매를 대롱에 넣고 불면 '팽'하며 날아가서 팽나무가 되었다는 설이 있다. '팽'이라 부르는 열매는 8~9월에 따서 날것으로 먹거나 기름을 짜서 사용하기도 한다.

4~5월경 새로 나온 가지에 꽃잎 없이 연노랑색의 꽃을 피우는데, 잡성화(양성화와 단성화가 한 그루에 열리는 꽃)이다.

산기슭이나 계곡에서 자란다.

능소화과 개오동나무
Catalpa ovata G.Don

▲ 수형

▲ 잎

꽃피는 시기 | 6~7월

열매 맺는 시기 | 10월

특   징 | 1904년경에 도입되어 중부 이북에 식재되어 온 수종으로 빨리 자라지만 목재가 강하고 뒤틀리지 않아서 활을 만들거나 철도 침목으로 사용하기도 한다. 목재가 땅속이나 물속에서도 수백 년 동안 썩지 않는다.

꽃은 6~7월에 황백색의 양성화가 원추꽃차례로 모여 달리며, 열매는 9~10월에 선형으로 길게 자라 아래로 처진다.

꿀샘이 깊어 밀원 또는 약용식물로 가치가 높으며 각종 공해에 강하고 해풍에도 잘 견뎌 가로수나 공원수로 쓰인다.

단풍나무과 단풍나무
Acer palmatum Thunb.

▲ 수형

▲ 잎

꽃 피 는 시 기	|	5월
열매 맺는 시기	|	10월
특　　　징	|	가을에 잎이 붉게 물든다고 하여 '단풍(丹楓)'이라 이름 붙여졌다. 5월에 가지 끝에 달리는 꽃대에 자잘한 암홍색 꽃이 모여 피며, 씨앗은 헬리콥터 유영과 비슷한 원리로 멀리 날아간다. 반그늘의 물기가 많은 곳에서 자라며 추위에도 강하다.

단풍나무과 신나무
Acer tataricum subsp. *Ginnala* (Maxim.) Wesm.

▲수형

▲잎

꽃 피는 시기	|	5월
열매 맺는 시기	|	8~10월
특 징	|	뿌리의 백색 껍질을 약으로 쓸 때 신맛이 났기 때문에 붙여진 이름이다.

중국단풍과 달리 수피가 벗겨지지 않는다. 5월 가지 끝에 연한 노란색의 꽃이 모여 핀다. 붉은색 단풍이 아름답고 가지가 치밀하여 악센트 식재, 차폐식재용으로 사용된다. 비옥한 사질양토에서 잘 자라며 반음수이나 양지 모두 잘 자라고 추위에 강해 노지에서 월동 생육한다.

단풍나무과 청단풍
Acer palmatum Thunb.

▲ 수형

▲ 잎

꽃피는 시기 | 5월

열매 맺는 시기 | 10월

특   징 | 음지와 양지 모두에서 잘 자라는 중용수이나 어릴 때에는 광한 광선을 싫어하며 건조에 약하다.

꽃은 붉은색으로 달려 밑으로 늘어진다. 열매는 털이 없으며 날개는 긴 타원형이다.

우리나라 단풍의 대표수종으로 수형이 아름답고 전정에 강하고 이식이 용이하나 생장속도는 더디다. 가을에 붉은색으로 물들어 정원수로 많이 사용된다. 수액은 분이 높아서 음료로 사용될 수 있다.

돈나무과 돈나무
Pittosporum tobira (Thunb.) W.T.Aiton

▲ 수형

▲ 잎

꽃피는 시기	|	5~6월
열매 맺는 시기	|	10월
특 징	|	돈나무가 가장 많이 자라는 곳은 제주도로, 제주 사투리로 돈나무를 '똥낭'이라고 하는데, 이는 '똥나무'라는 뜻이다. 돈나무 잎을 비비거나 가지를 꺾으면 악취가 풍기고, 특히 뿌리껍질을 벗길 때 더 심한 냄새가 난다. 가을에 열매가 완전히 익어서 갈라지면 안에는 끈적끈적한 점액으로 둘러싸인 씨가 있는데, 이 점액은 냄새가 심하고 파리가 많이 꼬인다. 이처럼 식물체 전체에서 고약한 냄새가 나며 열매에 똥처럼 파리가 꼬인다 하여 똥낭이라는 이름을 얻었다. 수형이 수려하고 가지 끝에 모여 달리는 매끈한 주걱모양의 잎이 보기 좋아 공원이나 정원수로 적합하다.

때죽나무과 때죽나무
Styrax japonicus Siebold & Zucc.

▲ 수형

▲ 열매

꽃 피 는 시 기	|	5~6월
열매 맺는 시기	|	9월
특　　　징	|	천연마취제로 열매에 독성분이 있어 짓찧어 냇물에 풀어 물고기를 기절시켜 떼로 죽이는 나무라는 뜻에서 붙여진 이름이다.

5~6월에 잎겨드랑이에서 종처럼 생긴 1~6개의 흰색 꽃이 아래를 향해 피며 향기가 좋은 밀원식물이다. 양지 혹은 반음지의 물 빠짐이 좋고 토양이 비옥한 곳에서 자란다.

마편초과 좀작살

Callicarpa dichotoma (Lour.) Raeusch. ex K.Koch

▲ 수형

▲ 잎

꽃피는 시기	8월
열매 맺는 시기	10월
특 징	작살나무보다 잎이 작고 가지가 양쪽으로 갈라지는 모습이 고기를 잡을 때 사용하는 작살을 닮았다고 붙여진 것이다.

8월에 연한 자주색의 꽃이 피며 꽃차례가 잎겨드랑이에서 조금 떨어진 곳에 달리는 점이 작살나무와 다르다. 내한성이 강하고 양지나 음지에서도 잘 견디며 바닷가나 도심지에서도 개화와 결실이 잘된다. 도시공원에서는 열매가 야생조류의 유치에 큰 도움이 되며 정원이나 공원에 생태조경용이나 경계식재용으로도 식재한다.

매자나무과 남천
Nandina domestica Thunb.

▲ 수형

▲ 열매

꽃피는 시기	6~7월
열매 맺는 시기	10월
특 징	인도에서 동아시아에 걸쳐 1종, 우리나라에는 1종이 재식되어 있는 수종으로, 봄에는 어린순이 푸르게 올라오고 열매가 열리며, 겨울철에는 열매와 잎 전체가 붉은 모습을 띠고 있다. 6~7월에 원추꽃차례로 하얀색 꽃이 피는데 노란 꽃술이 돋보인다. 난대성 식물로 추위에 약하다. 수형도 단정하고 꽃과 열매, 그리고 단풍이 아름다워 남부지방에서는 조경용으로 많이 이용된다.

목련과 목련
Magnolia kobus DC.

▲ 수형

▲ 꽃

꽃피는 시기	|	3~4월
열매 맺는 시기	|	9~10월
특 징	|	세계적으로 널리 분포하는 낙엽교목으로, 나무에서 흰색의 연꽃같은 꽃이 핀다고 하여 붙여진 이름이다.

3~4월 흰색 꽃이 잎보다 먼저 피며 열매는 닭의 볏모양이고 익으면 벌어진다. 적당한 습기가 있는 사질양토가 재배적지이다. 음지에서는 개화·결실이 불가하여 충분한 햇볕을 받아야 꽃이 잘 핀다.

목련과 자목련
Magnolia liliiflora Desr.

▲ 수형

▲ 꽃

꽃 피 는 시 기 | 4~5월

열매 맺는 시기 | 10월

특　　　　징 | 꽃의 안쪽과 바깥쪽이 모두 암자색으로 피는 목련이라고 하여 붙여진 이름이다.

자주목련은 꽃잎의 바깥쪽이 홍자색이고 안쪽에는 흰색인 점이 다르다. 4~5월에 잎보다 꽃이 먼저 피며 햇볕이 충분한 곳에서 잘 자란다.

자주색의 큰 꽃이 화려하여 정원이나 공원 등에 주로 식재한다.

무환자나무과 모감주나무
Koelreuteria paniculata Laxmann.

▲ 수형

▲ 잎

꽃 피는 시기	6~7월
열매 맺는 시기	9~10월
특 징	종자를 염주로 만들어 염주나무라고도 하는데, 교목형이며 바닷가에 군락을 이루어 자라는 경우가 많다. 꽃은 7월에 가지 끝에 원추화서로 달리고 황색으로 피는데 중심부는 적색이다. 열매는 꽈리처럼 생겼는데 옅은 녹색이었다가 점차 열매가 익으면서 짙은 황색으로 변하고, 9~10월에 까맣게 익는다. 내염성, 내공해성, 내건성 등이 강하여 가로수, 공원수 등으로 많이 이용된다.

물푸레나무과 개나리
Forsythia koreana (Rehder) Nakai

▲ 수형

▲ 꽃

꽃 피 는 시 기	3~4월
열매 맺는 시기	9월
특　　　　징	참나리와 비슷하게 생겼지만 아름답기로는 이에 미치지 못한다하여 앞에 '개'자가 붙었다. 이른 봄에 잎보다 먼저 노란 꽃이 피는 우리나라 특산식물로 봄철의 대표적인 꽃나무로, 연교나 신리화라고도 한다. 음지와 양지 어디에서나 잘 자라고 추위와 건조에 잘 견디며 공해와 염기에도 강하여 어느 곳에서나 적응을 잘한다. 밑에서 많은 줄기를 내어 포기를 이루며 속성수로 낮은 곳에서는 위로, 높은 곳에서는 밑으로 자라는 특성이 있다.

물푸레나무과 수수꽃다리
Syringa oblata Lindl. var. dilatata (Nakai) Rehder

▲ 수형

▲ 꽃

꽃 피 는 시 기	4~5월
열매 맺는 시기	9~10월
특 징	꽃차례가 수수이삭과 비슷하여 수수꽃이 달리는 나무라는 뜻에서 유래하였으며, 보통 라일락이라고 착각할 정도로 거의 모양이 비슷하였다.
	꽃은 원추화서로 전년 가지의 끝에 달리며 4~5월경에 연한 자주색의 향기 있는 꽃이 핀다. 수수꽃다리의 꽃은 길고 꿀샘이 깊어서 벌이 수정을 도와줄 수 없어 충실한 종자가 매우 적다. 각종 공해에도 강하여 관상수로 많이 식재된다.

물푸레나무과 은목서
Osmanthus fragrans Lour.

▲ 수형

▲ 꽃

꽃 피 는 시 기	9~10월
열매 맺는 시기	다음해 2~3월
특 징	한자 목서(木犀)에서 유래하였는데 나무의 껍질을 동물의 뿔(犀)에 비유한 것이다. 구골나무와 달리 꽃밥의 길이가 수술대보다 길고 잎 뒷면의 길이가 수술대보다 길고 잎 뒷면의 측맥이 도드라지는 점이 다르다. 10월 잎 겨드랑이에 황백색의 꽃이 모여 피며 좋은 향기가 난다. 열매는 타원모양이며 다음해 5월 검은색으로 익는다. 난부지방에서 심어 기른다.

물푸레나무과 이팝나무
Chionanthus retusus Lnidl. & Paxton

▲ 수형

▲ 꽃

꽃 피는 시기	5~6월
열매 맺는 시기	9~10월
특 징	나무에 열린 꽃이 마치 쌀밥과 같다고 하여 붙여진 이름이다. 쌀밥을 옛말로 이밥이라고 했다가 이팝으로 변했다. 이 나무에 꽃이 활짝 피면 풍년이 든다는 풍습이 전해오고 있다. 4~6월 새 가지 끝에 꽃잎이 4개로 깊이 갈라진 흰색 꽃이 모여핀다. 산골짜기나 들판에서 자란다. 산림청 지정 희귀식물이다.

버드나무과 삼색버드나무
Salix integra Salix multinervis. (FRANCH & Savatier)

▲ 수형

꽃피는 시기 | 4월

열매 맺는 시기 | 5월

특 징 | 삼색버드나무는 무늬개키버드나무 또는 화이트핑크셀릭스라고도 불린다. 분홍빛의 하얀색 새순을 가지고 있고 초록색 잎에 흰색, 분홍색 얼룩이 있어 삼색내지 오색을 띤다. 꽃처럼 보일 수 있는 이른 봄의 분홍색을 띤 잎은 점차 아이보리와 녹색이 섞인다.

반나절 차광지에 심으면 잎의 무늬가 뚜렷해진다. 맹아력이 좋아 수형을 자유롭게 연출할 수 있다. 건조에 약하고 추위에는 강하며 척박한 토양에서도 성장력이 좋다.

버드나무과 양버들
Populus nigra var. *italica* Koehne

▲ 수형

▲ 잎

꽃 피는 시기 | 3~4월

열매 맺는 시기 | 5~6월

특　　　징 | 흔히 포플러라고 부르는 양버들은 유럽 남부의 이탈리아 북부 롬바디(Lombardy)가 원산이다. 암수딴그루(雌雄異株)인데, 봄철에 날리는 암그루(雌樹)의 솜털 씨앗을 꽃가루로 오해하기도 한다. 한자명(钻天杨, 첩천양)의 의미처럼 양버들은 줄기 아랫부분에서부터 생겨난 가지들이 모두 원줄기를 따라 하늘로 향한다.

3~4월에 잎과 함께 황록색으로 꽃이 핀다. 내한성이 강해서 전국 어디서나 잘 자라며 특히 하천유역 및 논, 밭둑에서 많이 볼 수 있다.

버드나무과 왕버들
Salix chaenomeloides Kimura

▲ 수형

▲ 잎

꽃피는 시기 | 4월

열매 맺는 시기 | 5~6월

특   징 | 지름 1m 이상 자라고 높이 20m에 달하는 나무로서, 버드나무 종류 가운데 가장 크며 수형이 우람한 교목으로 왕버들이라는 이름이 붙었다.

잎과 함께 황록색 꽃이 4월에 피고 수꽃은 위를 향하며 털이 있는데, 5월에 날리는 종모(種毛)때문에 사람들이 싫어한다. 물을 좋아하며 연못이나 개울가에 많이 자라며, 대기오염에도 강하여 도심에서도 잘 자란다.

범의귀과 말발도리
Deutzia parviflora Bunge

▲ 수형

▲ 꽃

꽃 피 는 시 기	5~6월
열매 맺는 시기	8~10월
특　　　　징	종자의 모양이 'C'자 모양의 말굽과 같다하여 '말발도리'라고 붙여진 이름이다. 주로 산지의 계곡부 바위틈에서 자라는 말발도리는 꿀과 화분이 많이 들어 있으며 흰 꽃이 피면 60여 일간 지속적으로 피기 때문에 많은 벌들이 모여드는 좋은 밀원 수종이다. 산지의 계곡부 바위틈에서 자라지만 현재는 조경수나 분재용으로 많이 심어지고 있다.

벼과 조릿대
Sasa borealis (Hack.) Makino

▲ 수형

꽃 피는 시기	|	4월
열매 맺는 시기	|	5~6월
특 징	|	이 나무의 줄기를 가지고 쌀에서 돌을 골라내는 기구인 조리를 만들었던 것에서 유래된 이름이다.
		줄기가 가늘고 속이 비어 있으며 마디 사이는 흰가루로 덮여있다. 4월에 피는 꽃은 3~4년 된 가지 끝에 드물게 핀다. 그늘진 곳에서 무리지어 자란다.

부처꽃과 배롱나무
Lagerstroemia indica L.

▲ 수형

▲ 꽃

꽃 피는 시기	8~9월
열매 맺는 시기	10월
특 징	붉은 꽃이 100일 이상 계속 피어서 목백일홍이라고도 하며, 나무껍질을 손으로 긁으면 잎이 움직인다고 하여 간즈름나무 또는 간지럼나무라고도 한다. 줄기는 모과나무처럼 얼룩이 있고 원숭이도 미끄러진다는 일본명을 가지고 있을 만큼 나무껍질이 아름답다. 오랫동안 피는 붉은 꽃과 아름다운 수피, 그리고 동양적인 수형으로 조경수로 이용되며, 사찰경내 많이 심어왔다.

뽕나무과 뽕나무
Morus alba L.

▲ 수형

▲ 열매

꽃 피 는 시 기 | 5월

열매 맺는 시기 | 6~7월

특   징 | 뽕나무는 예전부터 활용가치가 높아 귀중하게 여겨진 나무로, 집주변이나 마당에 뽕나무를 많이 심었다. 주로 누에를 키우기 위해 재배하였으나 최근 약용으로 많이 이용한다.

6월에 흑색으로 익는 열매는 오디라고 하는데, 오들개라고 부르기도 하며 한자로는 상심(桑椹)이라고 한다. 생김새는 포도와 비슷한 모양이며, 날것으로 먹을 수 있는데, 맛이 좋을 뿐만 아니라 소화가 잘 되어서 먹고 나면 방귀가 나온다고 하여 뽕나무라는 이름이 붙었다.

아욱과 무궁화
Hibiscus syriacus L.

 ▲ 수형

 ▲ 꽃

꽃 피는 시기 | 7~9월

열매 맺는 시기 | 10월

특   징 | 우리나라 국화로, 꽃이 7월부터 10월까지 100여 일간 계속하여 화려한 꽃을 피어 무궁화라는 이름이 붙여졌다.

무궁화의 종류는 200종 이상이 있는데 우리나라에서의 주요 품종은 꽃잎의 형태에 따라 홑꽃, 반겹꽃, 겹꽃의 3종류로 구분하고, 꽃잎 색깔에 따라 배달계, 단심계, 아사달계의 3종류로 구분한다. 종자도 많이 달리고 발아도 쉽게하지만 실생으로서는 기대하는 꽃을 피울 수가 없다.

옻나무과 안개나무
Cotinuscoggygria Scop

▲ 수형

▲ 꽃

꽃피는 시기 | 5~7월

열매 맺는 시기 | 7~9월

특 징 | 꽃이 핀 모습이 마치 안개가 낀 듯한 인상을 준다하여 붙여진 이름이다. 중국, 유럽이 원산으로 키는 4~5m 정도로 자라고 잎은 원형으로 가장자리가 밋밋하고 광택이 있다.

꽃은 5~7월에 담홍색 또는 황록색으로 뭉게뭉게 피는 것이 특징이고 열매는 핵과로 콩팥모양으로 달린다. 가을에 단풍이 든 잎이 아름다워 관상수, 장식수, 공원수 등으로 심어 기른다.

운향과 쉬나무

Rutaceae daniellii (Benn.) T.G.Hartley

▲ 수형

▲ 잎

꽃 피는 시기	8월
열매 맺는 시기	10월
특 징	빨갛게 익고, 생으로 먹을 수 있다는 뜻으로 수유(茱萸)나무에서 쉬나무 바뀐 것으로 꽃이 귀한 8월경에 산방상으로 피는 백색꽃이 나무 전체를 수놓으며 10월경에 적색으로 익는 열매도 아름답다. 수세가 강건하고 생장이 빠르다. 늦여름에 피는 꽃에 꿀이 있어 밀원식물로 이용하고 열매는 동유, 머릿기름, 새먹이 등으로 다양하게 사용된다. 풍차수로 우수한 수종이다.

인동과 꽃댕강나무
Abelia grandiflora Rehder

▲ 수형　　　　　　　　　　▲ 꽃

꽃 피 는 시 기 | 6~10월

열매 맺는 시기 | 10월

특　　　징 | 중국원산인 댕강나무를 일본에서 원예종으로 개량시켜 꽃댕강나무라 부르며 우리나라에 들여온 지는 아주 오래되었다.

꽃이 6~10월까지 계속하여 흰색 또는 분홍색으로 피고 통꽃이 병 모양으로 달린다. 관상용으로 도입된 식물로서 공해에 강하고 내음성과 맹아력이 강하여 생울타리로 많이 이용된다.

인동과 무늬병꽃나무
Weigela florida for. *candida* Redhder

▲ 수형

▲ 꽃

꽃 피 는 시 기	5~6월
열매 맺는 시기	9~10월
특 징	무늬병꽃나무는 원예, 조경용의 새로운 병꽃나무의 한 종류로 잎의 가장자리에 반입무늬가 들어가 있는 것을 말한다. 5~6월에 흰색이나 연분홍색, 분홍색의 꽃이 피고, 전국에 식재가능하다. 햇빛이 잘 들고 배수가 잘 되는 토양을 좋아한다. 정원, 공원, 생울타리 등 관상용으로 주로 식재한다.

인동과 자엽병꽃나무
Weigela florida 'Foliis Purpureis'

▲ 수형

▲ 꽃

꽃 피 는 시 기	|	5~6월
열매 맺는 시기	|	9~10월
특 징	|	일반 병꽃나무를 개량하여 만든 품종으로 잎이 자색무늬를 띤다고 해서 붙여진 이름이다. 꽃은 5~6월에 지난해 자란 가지 끝에 자주색의 잎 사이에 병모양의 붉은 꽃이 핀다. 길이 5cm정도의 나팔모양이며, 수술은 5개, 암술은 길며 흰색이다. 잎 자체로도 관상가치가 있어 정원수로 심는다.

자작나무과 서어나무
Carpinus laxiflora (Siebold & Zucc.) Blume

▲ 수형

▲ 열매

꽃피는 시기	4~5월
열매 맺는 시기	10월
특 징	중국으로부터 도입되어 식재하고 있는 것으로 알려졌으나 1970년에 광릉지역에서 자생지가 발견되어 우리나라 자생종임이 밝혀진 약용수이다.
	잎이 나오기 전 3월경에 황색으로 개화하여 봄을 알리는 전령사로서 중요한 역할을 하며, 가을에 붉게 익는 열매는 겨울동안에도 달려있어 관상가치가 높아 정원수로도 사용되며, 유실수로도 많이 심는다.

장미과 개쉬땅나무
Sorbaria sorbifolia (L.) A.Braun

▲ 수형

▲ 꽃

꽃 피는 시기		6~7월
열매 맺는 시기		9~10월
특 징		쉬땅이란 말은 '수수'를 뜻하는 방언으로 꽃이 피는 화서가 마치 수수를 닮았기에 붙은 이름으로 쉬땅나무, 밥쉬나무라고도 한다. 혹은 꽃이 피기 전의 꽃망울이 진주가 달린 것 같다고 해서 진주매(珍珠梅)라고 부르기도 한다.
		6~7월 가지 끝에서 많은 꽃이 하얗게 솜처럼 달려 관상용으로 많이 식재하는데 도로변이나 공원에서 자주 볼 수 있고 가지치기를 하면 맹아력이 강해서 울타리용으로도 많이 심는다.

장미과 돌배나무
Pyrus pyrifolia (Burm.f.) Nakai

▲ 수형

▲ 꽃

꽃 피는 시기 | 4월

열매 맺는 시기 | 8월

특   징 | 열매가 배랑 유사하게 노란 갈색으로 여무나 지름 2~3cm정도로 작고, 과육에 돌처럼 까슬까슬한 돌세포가 있다.

꽃은 4~5월에 잎과 함께 잎 달리는 자리에 흰색으로 피고, 열매는 늦여름~가을에 채취하여 생으로 또는 햇볕에 말려서 쓴다. 배나무대목으로 사용되거나 정원, 분재로 이용된다.

장미과 매화나무
Prunus mume (Siebold) Siebold & Zucc.

▲ 수형

▲ 꽃

꽃 피 는 시 기 | 4월

열매 맺는 시기 | 6~7월

특   징 | 우리나라 전국 어디에서든 양지바르고 습기가 적당한 곳에서 잘 자라는 나무로, 매실나무라고도 불린다. 국내에는 약 2,000년 전에 도입되어 정원수로 식재하였고, 최근에는 분재로도 많이 키운다. 매화(梅)는 난초(蘭), 국화(菊), 대나무(竹)와 함께 사군자라고 하여 선비의 지조와 절개를 상징하였다.

꽃은 3~4월에 잎보다 먼저 피는데 꽃색은 백색에서 홍색으로 다양하며 향기가 있다. 열매는 겉이 털로 덮여 있으며 황색으로 익는다.

장미과 모과나무
Pseudocydonia sinensis (Thouin) C.K.Schneid.

▲ 수형

▲ 열매

꽃피는 시기 | 4월

열매 맺는 시기 | 9~10월

특　　　징 | 과일 중에서 가장 못생긴 편이어서 흔히 못생긴 사람을 가리켜 『모과같이 생겼다』고 비유한다. 그러나 모과는 재질이 붉고 치밀하며 광택이 있어 아름다울 뿐만 아니라 단단하면서도 공장이 쉬운 우수한 용재로 평가되어 일명 화류목(樺榴木), 화려목(華櫚木), 화리목(花梨木) 등으로도 불렸다.

얼룩무늬가 있는 줄기는 겨울에도 관상가치가 있으며, 분홍색 꽃도 아름답고 모과 열매 또한 향기가 좋아 조경용으로 많이 식재된다.

장미과 산벚나무
Prunus sargentii Rehder

▲ 수형

▲ 꽃

꽃 피는 시기 | 4~5월

열매 맺는 시기 | 6~8월

특 징 | 잎과 함께 피는 꽃은 4월 말 ~ 5월 중순 개화하고, 연홍색 간혹 백색으로, 수려하고 화려하게 핀다. 가을에 붉게 물드는 단풍과 벚나무 특유의 붉은 자색의 나무껍질은 대중적 아름다움을 준다.

양수로서 평탄하면서 습기가 많은 비옥지에서 잘 자라며 내한성이 강하고, 대기오염에 대한 저항성도 강하다. 바다에 가까운 수림 중에서 자란다. 목재가 견고하여 팔만대장경의 경판으로도 이용되었다.

장미과 살구나무
Prunus armeniaca L.

▲ 수형

▲ 꽃

▲ 열매

꽃피는 시기 | 3~4월

열매 맺는 시기 | 6~7월

특 징 | 악귀를 쫓는 신인 방상씨가 괴견 반호를 물리친 것을 기념해 개를 매달아 죽인 나무의 열매를 살구(殺拘)라고 부른데서 유래된 이름이다.

4월에 잎보다 먼저 연한 분홍색 꽃이 핀다. 햇볕을 좋아하며 물빠짐이 좋은 비옥한 토양에서 잘 자란다.

살구나무 꽃은 꽃 아래 붙은 꽃받침이 뒤로 젖혀지지만 매화나무 꽃은 그렇지 않다.

장미과 수양벚나무
Prunus verecunda var. *pendula* (Nakai) W.T.Lee

▲ 수형

▲ 꽃

꽃 피는 시기 | 4월

열매 맺는 시기 | 6~7월

특 징 | 수양버드나무처럼 늘어져서 자라는 나무로, 처진개벚나무라고도 부른다. 4월에 잎보다 먼저 피는 연분홍색꽃과 축 처지는 가지의 관상가치가 뛰어나 경관수로의 개발가치로 높은 수종이다. 처지는 가지가 시선을 아래로 끌어내리기 때문에 물가에 주로 심는다.

장미과 왕벚나무
Prunus x yedoensis Matsum.

▲ 수형

▲ 꽃

꽃피는 시기 | 4월

열매 맺는 시기 | 6~7월

특   징 | 제주원산의 우리나라 향토수종으로 가로수로 가장 흔하게 볼 수 있는 벚나무로 꽃이 크고 화려해서 유래된 이름이다.

4월에 꽃이 잎보다 먼저 피고, 꽃이 지며 잎이 나온다. 제주도 한라산에서 자생하며 관상용으로 심어 기른다.

장미과 자엽자두
Prunus cerasifera var. *atropurpurea*

▲ 수형

▲ 꽃

꽃 피 는 시 기	4월
열매 맺는 시기	7월
특　　　　징	서남아시아 코카스지방이 원산이며, 기존 자두나무와 수형이나 특성은 비슷하나 잎색깔은 붉은색이고 열매색깔은 진한 자색을 띠고 있어 피자두, 자엽나무, 서양자두라는 다양한 이름으로 불린다. 벚나무와 비슷한 시기에 꽃이 피며 꽃은 약간 자색을 띤 흰 꽃에 가까운 색이며, 수형과 잎의 색상이 아름다워 정원수, 공원수로 사용된다. 내한성이 있고 맹아력이 강한 속성수이다.

장미과 조팝나무
Spiraea prunifolia Siebold & Zucc. f. *simpliciflora* Nakai

▲ 수형

▲ 꽃

꽃피는 시기 | 4~5월

열매 맺는 시기 | 8~10월

특   징 | 4~5월에 흰색의 꽃이 만발한 모양이 좁쌀로 만든 밥인 조밥을 담아놓은 것 같다하여 붙여진 이름이다. 햇볕을 좋아하며, 공해에도 강할 뿐 아니라 잎이 상대편 차선의 광선을 차단하는 효과도 있어 전국의 고속도로나 국도변에 많이 심는다.

버드나무에 많이 들어 있는 아스피린의 주성분인 살리신산이 조팝나무에도 들어 있다.

장미과 홍가시나무
Photinia glabra (Thunb.) Maxim.

▲ 수형

▲ 꽃

꽃 피 는 시 기 | 5~6월

열매 맺는 시기 | 9~10월

특　　　징 | 홍가시나무는 '홍'과 '가시나무'의 합성어로 잎의 모양이 상록성인 참나무과의 가시나무와 유사하게 생잎이 새로나올 때와 단풍이 들 때 붉은 빛이 드는데서 유래된 것이다.

5~6월에 흰 꽃이 피며, 열매는 지름 5mm 정도의 긴 둥근 모양인데, 9월부터 붉게 익는다. 주로 남부지방에 식재하고, 가로수, 정원수, 생울타리용으로 심을 만하다.

장미과 홍벚나무
Prunus serrulata var. *verecunda* Nak

▲ 수형　　　　　　　　　　▲ 꽃

꽃피는 시기	4월
열매 맺는 시기	6~7월
특 징	진홍색의 꽃이 피는 벚나무라고 하여 붙여진 이름이다. 추위와 공해에 강하여 도심지 가로수로도 적합하고 성장속도가 빠르다. 4월 진홍색 꽃이 잎과 같이 핀다. 햇볕이 잘 드는 곳에서 잘 자란다.

장미과 황금국수
Physocarpus opulifolius var. lutea

▲ 수형

▲ 꽃

꽃 피는 시기	5~6월
열매 맺는 시기	9~10월
특 징	단풍이 들 때 황금색이 나고 나무속이 하얗게 국수같다하여 붙여진 이름이다. 가지가 많이 나와서 긴 덩굴처럼 땅 위로 축축 늘어져서 전체가 둥그스름한 덤불처럼 된다. 잎은 세모진 넓은 달걀모양이고 길이가 2~5cm에 가장자리에 날카롭고 깊은 톱니가 있으며 여러 갈래로 갈라지기도 한다. 5~6월에 새로 나온 가지 끝에 연한 노란색 꽃이 원추형으로 핀다. 열매는 8~9월경에 둥글거나 달걀모양으로 익는다. 맹아력이 왕성하며 수세가 강건하여 제반입지에 대한 적응성이 뛰어나다.

진달래과 산철쭉
Rhododendron yedoense f. *poukhanense* (H.Lév.) M.Sugim. ex T.Yamaz.

▲ 수형

▲ 꽃

꽃 피 는 시 기	4~5월
열매 맺는 시기	9월
특 징	진달래꽃이 지기 시작하는 5월초부터 개화한다. 화관은 홍자색의 깔때기 모양이며 윗부분에 자주색 반점이 있다. 수고 1~2m 정도로 자라며 수피는 회갈색 또는 회색으로 어린가지에는 끈끈한 갈색의 털이 덮이다가 다음 해에 없어진다. 봄에 피는 꽃이 화려하고 생장이 양호하며, 전정에도 강하여 정원이나 공원 등에 많이 식재하고 있다.

진달래과 영산홍
Rhododendron indicum (L.) Sweet

▲ 수형

▲ 꽃

꽃 피 는 시 기	5~6월
열매 맺는 시기	9~10월
특 징	일본에서는 사즈끼(さつき:5월)라고 부르는 철쭉류로 꽃이 음력 5월에 피기 때문에 붙여진 이름이다. 진달래류나 철쭉류중에서 가장 늦게 꽃이 피며, 일본에서는 두견새가 울 무렵에 피기 때문에 두견화라고도 한다. 원예종으로 개발되어 다양한 품종들이 있으며, 진달래, 철쭉과 달리 상록성이다. 5~6월에 꽃이 가지 끝에 홍자색으로 핀다. 배수가 잘 되는 곳에 자란다.

진달래과 자산홍
Rhododendron shlippenbachii Maxim

▲ 수형

▲ 꽃

꽃피는 시기	4~5월
열매 맺는 시기	9~10월
특 징	철쭉의 한 종류로 꽃색이 자주색으로 피기 때문에 붙여진 이름이다. 4~5월 가지 끝에서 자주색 꽃이 핀다. 자산홍이 영산홍보다 조금 빨리 개화하며 진분홍색이다. 특별한 병충해 없이 잘 자라고 성장속도가 느리다.

진달래과 진달래
Rhododenderon mucronulatum Turcz.

▲ 수형

▲ 꽃

꽃 피 는 시 기	|	4~5월
열매 맺는 시기	|	9~10월

특　　　징 |　꽃빛깔이 달래꽃보다 진하다는 뜻이다. 4~5월 가지 끝에 2~5개의 진분홍색 꽃이 잎보다 먼저 피며 꽃을 먹을 수 있다하여 참꽃이라고도 한다.

이른 봄에 온 산을 붉게 물들이는 꽃으로 봄을 알려주는 꽃 중의 하나이다. 양수로서 산성토양에서 잘 자라고 주로 산의 양지바른 곳에서 자란다.

진달래는 꽃이 먼저 피고 나중에 잎이 돋아나는데, 잎은 약간 넓으면서 끝이 뾰족한 타원형이다.

진달래과 철쭉
Rhododendron schlippenbachii Maxim.

▲ 수형

▲ 꽃

꽃피는 시기 | 4~6월

열매 맺는 시기 | 10~11월

특 징 | 꽃에 독성이 있어 사람이 먹지 않고 걸음을 머뭇거리게 한다는 뜻의 척촉(躑躅:머뭇거리다)에서 변화한 말이다. 먹지 못한다하여 참꽃의 반대말로 개꽃이라하기도 한다.

5월 3~7개의 연분홍색 꽃이 모여 피며 잎과 함께 핀다.

철쭉은 잎이 먼저 나오고 나중에 꽃이 피는데, 잎모양은 주걱처럼 넓적하고 둥글둥글한 모양이다.

진달래과 백철쭉
Rhododendron schlippenbachii f. albiflorum Y.N.Lee

▲ 수형

▲ 꽃

꽃 피는 시기	5~6월
열매 맺는 시기	10월
특 징	흰꽃이 피는 철쭉이라고 하여 붙여진 이름이다. 5~6월 가지마다 3~7개씩 흰색 꽃이 피며, 위쪽 꽃잎에는 붉은 갈색 반점이 있다. 고산지대에서 자라며 진달래과 식물 중에 꽃이 늦게 피는 종류이다.

차나무과 노각나무
Stewartia koreana Nakai ex Rehder

▲ 수형

▲ 잎

꽃 피는 시기	|	6~8월
열매 맺는 시기	|	9~10월
특 징	|	나무껍질이 사슴뿔과 같다고 하여 녹각(鹿角)나무라고 불리다가 노각나무로 변했다고 한다.
		나무껍질의 무늬가 독특하고 열매가 오각뿔모양으로 달린다. 6~8월에 동백꽃과 같이 화려한 흰 꽃이 핀다.

참나무과 가시나무
Quercus myrsinaefolia Blume

▲ 수형

▲ 잎

꽃 피는 시기	4~5월
열매 맺는 시기	10월
특 징	이름때문에 가시가 많이 있을 것으로 생각하기 쉬우나 가서목(歌舒木)에서 가서나무, 가시나무로 변화된 것이다. 잎이 바람에 흔들리는 것이 떠는 것 같이 보인 데서 유래된 것으로 추정된다. 꽃은 4월에 피고, 열매인 도토리는 다음해 10월에 익으며 먹을 수 있다. 바닷가에 방풍림으로 심거나 관상수로 재배한다.

참나무과 갈참나무
Quercus aliena Blume

▲ 수형

▲ 잎

꽃 피 는 시 기 | 4~5월

열매 맺는 시기 | 9~10월

특　　　징 | 갈참나무의 잎을 짚신 바닥에 깔고 싶은데서 '갈'자가 유래된 이름으로, 우리나라 산에 가장 많은 나무 중 하나이다.

맹아력이 강하고 생장속도로 빨라 재배가 쉽고, 수형이 웅대하고 잎이 싱싱하며 풍성하면서 가을에 적색 단풍이 불타는 듯 정열적이어서 마을 주변 경관림 조성에 알맞은 수종이며, 녹음수, 가로수로 이용가능하다.

참나무과 붉가시나무
Quercus acuta Thunb.

▲ 수형

▲ 잎

꽃 피는 시기	5월
열매 맺는 시기	10월
특 징	붉가시나무라는 이름은 목재의 색깔이 붉은데서 비롯되었으며 목재가 무겁고 잘 쪼개지지 않을 뿐 아니라 보존성이 좋고 잎의 질감이 어느 것보다 좋다. 맹아력(萌芽力)이 강하다.

꽃은 5월에 피는 암수한그루이고 나무껍질은 흑갈색이며 약간 벗겨진다. 일년생가지에 갈색 털이 밀포한다. 내한성이 약하여 내륙지방에서는 노지월동이 불가능하고 내음성은 다소 있고 내조성과 내공해성이 강하며 방화력이 있다. 1월 평균 기온이 20℃ 이상인 지역에서 생육이 가능하며 따뜻한 제주도, 남쪽 지역에 식재가 가능하다.

참나무과 상수리나무
Quercus actissima Carruth.

▲ 수형

▲ 잎

꽃 피는 시기	4~5월
열매 맺는 시기	10월
특 징	도토리를 뜻하는 한자어 상실(橡實)에서 유래된 이름이다. 밤나무 잎과 비슷하나 잎 가장자리의 바늘 모양의 톱니에 엽록소가 없어 황색으로 보이는 점이 다르다. 4~5월 수꽃은 늘어지며 피고 암꽃은 1~3개가 잎겨드랑이에서 핀다. 열매는 다음해 10월에 익는데 주로 묵을 쑤어 먹는다. 양지바른 산기슭에서 자란다.

층층나무과 산수유
Cornus officinalis Siebold & Zucc.

▲ 수형

▲ 꽃

꽃 피는 시기 | 3~4월

열매 맺는 시기 | 8월

특 징 | 초봄에 잎보다 먼저 피는 노란색의 꽃은 봄을 알리는 전령사로서 중요한 역할을 하며, 가을에 붉게 익는 열매는 타원형의 핵과(核果)로서 처음에는 녹색이었다가 8~10월에 붉게 익는다. 10월 중순의 상강(霜降) 이후에 수확하는데, 육질과 씨앗을 분리하여 육질은 술과 차 및 한약의 재료로 사용한다.

중국으로부터 도입되어 식재하고 있는 것으로 알려졌으나 1970년에 광릉지역에서 자생지가 발견되어 우리나라 자생종임이 밝혀진 약용수이다.

층층나무과 층층나무
Cornus controversa Hemsl. ex Prain

▲ 수형　　　　　　　　　　▲ 꽃

꽃 피 는 시 기	5월
열매 맺는 시기	8~10월
특　　　　징	나뭇가지가 돌려나기하고 거의 직각으로 퍼져 층이져 자란다하여 붙여진 이름이다.

5월 어린가지 끝에 자잘한 흰색 꽃이 모여 피며 잎이 어긋나게 달리는 점이 말채나무와 차이가 있다. 층층의 가지 배열과 가지런한 엽맥 배역은 층층나무과의의 특징이다.

층층나무의 수액은 원래는 물처럼 투명하고 맑은 색을 띠지만, 공기 중에 노출되면 산화하거나 곰팡이에 오염되어 주황색을 띤다. 주로 산지의 물가나 골짜기에서 자란다.

층층나무과 흰말채나무
Cornus alba L.

▲ 수형

▲ 꽃

꽃 피 는 시 기 | 5~6월

열매 맺는 시기 | 8~9월

특   징 | 줄기의 속이 흰색이고, 흰색 열매가 열려서 흰말채나무라고 이름이 붙었다. 원래의 수피는 청색이나 가을부터 겨울동안에는 붉은빛이 돌아 관상수로 많이 사용된다.

토양은 비옥하고 보습성과 배수성이 양호한 사질양토가 바람직하다. 양지와 음지 모두에서 잘 자라며 내한성이 매우 강하고, 내공해성과 내염성은 약한 편이다. 생울타리나 경계식재용으로 재배하면 매우 좋다. 공원 등에 군식하여도 잘 어울린다.

콩과 조각자나무
Glditsia sinensis Lam.

▲ 수형과 가시

▲ 열매

꽃피는 시기 | 6월

열매 맺는 시기 | 10월

특 징 | 가시가 뿔처럼 달려 있어 조각자라고 이름이 붙었는데, 열매의 모양이 콩깍지가 나무에 주렁주렁 열려 조협이라는 이름으로 불리기도 한다.

주엽나무와 비슷하지만 가시가 굵고 그 단면이 둥글며 꼬투리가 비틀리거나 꼬이지 않는 점이 다르다. 가시는 큰 것이 길이 10cm, 지름 1cm 이상이며 방추형과 비슷하다. 꽃은 6월에 황록색에 피며 이삭꽃차례로 달린다.

콩과 주엽나무
Gleditsia japonica Miq.

▲ 수형

▲ 열매

꽃피는 시기 | 6월

열매 맺는 시기 | 10월

특 징 | 완전히 익은 열매의 내피에는 달콤한 맛이 나는 잼과 같은 것이 있는데 이를 식용하며, 쥐엄이란 떡과 비슷하다하여 쥐엄나무라 했다 주엽나무로 변했다고 한다.

꽃은 6월에 녹색으로 피며 납작하고 큼지막한 가시가 수간에 붙어나는 특징이 있다. 꼬투리는 비틀려서 꼬이며, 10월에 익는다. 과실 및 가시는 약용으로 쓰인다.

콩과 회화나무
Styphnolobium japonicum L.

▲ 수형

▲ 잎

꽃 피는 시기		8월
열매 맺는 시기		10월
특 징		'괴화'의 중국발음이 변한 이름이다. 선조들은 이 나무를 귀하고 신성하게 여겨 선비의 집이나 서원, 대궐에서만 심을 수 있었다.
		열매는 아래로 처져 달리며 염주처럼 잘록한 모양이다. 7~8월 가지 끝에 연한 노란색의 꽃이 무리지어 핀다. 관상용으로 심어 기른다.

회양목과 회양목
Buxus koreana Nakai ex Chung & al.

▲ 수형

▲ 열매

꽃 피 는 시 기 | 3~4월

열매 맺는 시기 | 9~10월

특   징 | 황양목이 석회암 지역에 잘 자라며 나무 껍질이 회색인 데서 '회'자를 차용하여 황양목(黃陽木)→화양목→회양목으로 되었다. 회양목으로 부른데서 유래수고 7m 정도로 자라며 수피는 회색으로 줄기가 네모지다.

3~4월에 황록색 꽃이 피며, 전정에 잘 견뎌 생울타리나 결계식재용으로 사용하며, 내음성이 강하다.

지피식물
Ground cover plant

- 국화과
- 꽃고비과
- 꿀풀과
- 돌나물과
- 마편초과
- 미나리아재비과
- 백합과
- 범의귀과
- 벼과
- 부처꽃과
- 붓꽃과
- 사초과
- 석죽과
- 쇠비름과
- 수선화과
- 쥐손이풀과
- 지칫과
- 천남성과
- 초롱꽃과
- 협죽도과
- 화본과
- 회양목과

국화과 감국
Dendranthema indicum (L.) Des Moul.

꽃피는 시기 | 9~11월

특 징 | 맛이 달콤한 국화라는 뜻으로 감국(甘菊)이라는 이름으로 불리게 되었다. 같은 시기에 감국과 산국이 피는데 꽃의 크기와 씹었을 때 맛으로 구별한다. 산국과 감국을 구별하지 않고 꽃이 노랗다고 해서 황국(黃菊) 또는 야국화라고 부르기도 한다.

9월 초가을부터 11월 늦가을까지 비교적 오랫동안 피어 있고, 가지 끝에 한 송이씩 여러 송이가 부채모양으로 노란색 꽃이 모여서 핀다. 아주 드물기는 하지만 흰 꽃이 핀 것을 볼 수 있는데, 이를 흰감국이라 한다.

국화과 구절초
Chrysanthemum zawadskii var. *latilobum* (Maxim.) Kitam.

꽃피는 시기 | 9~10월

특 징 | 5월 단오에는 줄기가 다섯 마디가 되고 음력 9월 9일이 되면 아홉 마디가 된다하여 붙여진 이름이다.

우리나라가 원산지로 9~10월에 흰색 꽃이 여러 갈래로 피며 15품종 정도가 자생한다. 꽃은 말려서 베갯속으로 사용하고 어린잎은 식용하고 줄기와 뿌리는 약용으로 쓴다.

국화과 무늬쑥부쟁이
Aster ageratoides 'Variegatas'

꽃피는 시기	9~10월
특 징	잎 가장자리에 흰색 또는 노란색 무늬가 들어간 쑥부쟁이라고 하여 붙여진 이름이다. 줄기 잎은 어긋나고 피침 모양이며 가장자리에 톱니가 있다. 9~10월 줄기와 가지 끝에 연한 보라색 꽃이 핀다. 산과 들에서 자란다.

국화과 벌개미취
Aster koraiensis Nakai

꽃피는 시기	6~10월
특 징	벌판에서 자생하는 개미취라 하여 붙여진 이름으로, 산야의 습한 곳에서 자라는 여러해살이풀이다.
	6~10월 연한 자주색 꽃이 가지 끝과 원줄기 끝에 핀다. 개미취에 비해 털이 거의 없고 두상화가 크며 잎자루가 없는 점이 개미취와 다르다. 산림청지정 특산식물이다.

국화과 산국
Dendranthema boreale (Makino) Ling ex Kitam.

꽃피는 시기 | 9~10월

특 징 | 전국 어느 곳에서나 흔히 볼 수 있는 국화과로 감국과 유사하게 생겼으나, 꽃이 더 작으나 꽃의 수가 많으며 꽃피는 시기가 더 늦고 기간은 긴 것이 특징이다.

건조에 강하여 노지재배시 척박한 곳이나 돌 틈 같은 곳에 심어도 잘 자란다. 최근에는 꽃을 이용하여 차의 원료로 이용하거나 압화용으로도 사용된다.

국화과 산톨리나
Santolina Chamacyparisuss L.

꽃피는 시기 | 7월

특 징 | 코튼 라벤더라고도 불리는 산톨리나는 은록색의 톱니처럼 생긴 잎사귀가 흡사 라벤다를 연상하게 하는 상쾌한 향기를 풍기기 때문에 붙여진 이름이다.

꽃은 여름에 국화꽃 같은 노란색의 두상화가 핀다. 향기로운 잎이나 꽃에는 구충효과가 있어서 구충제로 쓰이기도 한다.

국화과 쑥부쟁이
Aster yomena (Kitam.) Honda

꽃피는 시기 | 7~10월

특 징 | 쑥부쟁이는 쑥을 캐러 다녀 쑥부쟁이(쑥+불쟁이)라는 이름으로 불렸던 대장장이의 딸이 있었는데 그 딸이 사랑하는 남자를 기다리며 쑥을 캐게 되다가 절벽에서 떨어져 죽게 되면서 유래되었다.

7~8월에 만개하는 쑥부쟁이는 혀꽃은 연한 보라색을 띠고, 통상화는 노란색을 띤다. 양지바르고 부식질이 많으며 배수가 잘되는 절개지나 언덕 또는 척박지에서 잘 자라는 성질을 가지고 있다.

국화과 카모마일
Matricaria recutita (chamomilla) L

꽃피는 시기	5~9월

특   징 | 카모마일은 땅-사과를 가리키는 그리스어에서 비롯되었는데 사과와 같은 향이 나는 식물이라 하여 그렇게 이름이 붙었다.

꽃은 낮에 피고 밤에는 오므라져 있는데 대개 일주일정도 꽃이 핀다. 양지바른 곳에서 잘 자라며, 추위에 강한 편이다. 양지바르고 배수가 좋은 사질토에서 꽃을 잘 피운다.

국화과 털머위

Farfugium japonicum (L.) Kitam.

꽃피는 시기 | 9~10월

특　　　징 | 털머위는 나물로 먹는 머위와 비슷하고 줄기와 잎 뒷면에 털이 많다하여 붙여진 이름으로, 하지만 머위와는 다른 속에 포함된다. 곰취와 꽃이 비슷하여 '크다'라는 뜻의 '말'이라는 접두어를 붙여 말곰취라고 부르고 바닷가에 자란다고 하여 갯머위라 부르기도 한다.

꽃은 9~11월에 노란색이 꽃이 피고 화경은 길이 30~75cm로서 곧추 자라며 포가 있고 머리모양꽃차례를 가지 끝에 1개씩 달린다.

꽃고비과 꽃잔디
Phlox subulata L.

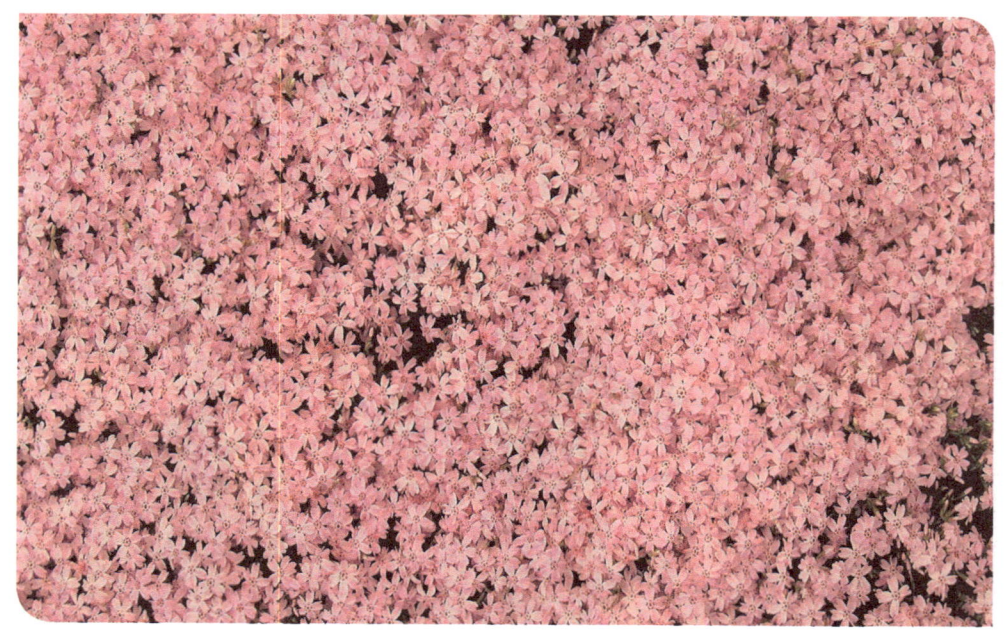

꽃피는 시기	4~9월
특 징	화단 및 길가 도로변에 관상용으로 심어 기르는 여러해살이풀로, 높이가 10~20cm로 땅위를 기어 자라 지면패랭이꽃, 땅패랭이꽃이라고도 불린다.
	4~9월 줄기 윗부분의 갈라진 가지 끝에 주로 분홍색의 꽃이 피며 꽃잎은 5개로 깊게 갈라진다. 건조한 모래땅에 잘 자란다.

꿀풀과 꽃범의꼬리
Physostegia virginiana (L.) Benth.

꽃 피 는 시 기 | 7~9월

특   징 | 북미원산으로 이삭 모양이 호랑이 꼬리를 닮았으며 꽃이 화려하게 핀다고 붙여진 이름이다.

7~9월 홍색, 보라색의 꽃이 피며 뿌리줄기가 옆으로 뻗으면서 줄기가 무더기로 나온다. 배수가 잘 되는 사질양토에서 자란다. 밀원식물로 도입되었으며 정원에 관상용으로 심는다.

꿀풀과 라벤더
Lavandula species

꽃피는 시기 | 6~9월

특   징 | 향수와 향료로 우리에게 친숙한 라벤더는 그리스, 로마시대부터 미용이나 약용으로 이용되었다. 속명의 Lavandula는 "씻다"라는 뜻의 라틴어에서 유래하는데, 이것은 로마 사람들이 목욕이나 세탁 시에 라벤더를 물에 넣는 것을 좋아하여 이름 그자체가 되었다.

라벤더는 전체적으로 흰색 털이 있고, 줄기에 가지가 여러 개 달리는데, 꽃은 주로 보라색이고 흰색으로 피기도 한다. 라벤더의 종류는 원종만 40종류 넘을 만큼 다양하다.

꿀풀과 레몬밤
Melissa officinalis

꽃피는 시기 | 6~9월

특 징 | 학자의 허브라고도 하는 레몬밤은 유럽인들이 특히 좋아하는 허브로 상쾌한 레몬향이 있으며 다양한 용도로 사용된다.

레몬밤은 라틴어로 '꿀벌'을 뜻하는 '멜리사(Meilssa)'와 명예롭고 귀중한 이름인 '밤(Balm)'을 합친 것으로 그 약효나 꿀의 가치가 향유에 버금간다하여 붙여졌다. 너무 강한 빛에서는 오히려 생장이 좋지 않을 수 있어 반그늘에서 잘 자란다.

꿀풀과 로즈마리
Rosmarinus officinalis

꽃피는 시기 | 5~7월

특　　　징 | 로즈마리는 라틴어로 '바다의 이슬'이라는 뜻으로 자생지의 해변가에서 강한 햇빛에서 자라면서 독특한 향기를 발하는 의미에서 연유된 것이다.

재배 3~5년경부터 밝은 보랏빛의 매우 작은 꽃이 가득 핀다. 처음 꽃을 보게 되는 시기가 비교적 길기 때문에 꽃이 피지 않는 허브로 인식되는 경우도 있다. 로즈마리의 줄기 끝 또는 잎을 이용할 수 있다.

꿀풀과 박하
Mentha piperascens (Malinv.) Holmes

꽃피는 시기 | 7~10월

특 징 | 박하(薄荷)는 위의 증세를 치료하기 위한 응급처치에 사용된 것에서 유래되었다. 잎, 줄기, 꽃 등 전체에서 화한 향이 난다.

7~10월 잎겨드랑이마다 연보라색, 흰색 꽃이 층층이 돌려가면서 피는데, 꽃받침은 종 모양으로 5갈래로 갈라지고, 꽃부리는 4갈래로 갈라진다. 수술은 4개, 길이가 비슷하고 꽃부리 밖으로 길게 나온다.

고도가 낮은 지역 숲의 개울가, 초지 등에 자라는 여러해살이풀이다.

꿀풀과 백리향
Thymus quinquecostatus Celak.

꽃피는 시기 | 7~8월

특 징 | 백리향이란 향기가 백리까지 퍼진다는 뜻으로, 꽃과 전초(全草)에 백리향 특유의 향기를 내뿜는다.

높은 산의 바위 위, 특히 석회암 지대, 사문암 지대, 안산암 지대에 난다. 양지나 음지를 가리지 않고 잘 자라며 평지에서도 강한 번식력이 있어 옆으로 퍼져 나가는 속도가 빠르다. 다소 건조한 사질양토를 좋아하고 내한력도 강하다.

꿀풀과 스피아민트
Mentha spicata

꽃피는 시기 | 7~9월

특 징 | 스피아민트는 꽃이 마치 스피아(spear) '창'을 닮았다하여 붙여진 이름으로 페퍼민트와 더불어 사용양이 가장 많은 민트이다.

스피아민트는 페퍼민트와는 조금 다른 달콤하면서도 톡 쏘는 향미를 가지고 있고, 목욕제로 사용하면 근육의 통증을 풀어주는 효과가 뛰어나다. 비교적 일조량이 짧아도 잘 자라는 편이고, 저온과 다습에 강하지만 고온과 건조에 약한 편이다.

꿀풀과 아주가
Ajuga reptans

꽃피는 시기 | 4~7월

특   징 | 우리나라 자생식물인 조개나물과도 비슷하여 이명으로 서양조개나물이라고도 부른다. 꽃은 4~7월에 청보라색으로, 꽃대줄기는 사각지며 마주 보는 두 면에서 털이 난다.

노지에 심어 놓아도 월동이 되는 식물로 햇볕을 받으면 짙은 보라색으로 변한다. 꽃이 진 후에는 줄기가 땅 위를 기면서 길고 넓게 성장한다.

꿀풀과 오레가노
Origanum vulgare

꽃피는 시기 | 5~7월

특 징 | 오레가노의 학명 'Origanum'는 그리스어로 '오로스(oros)'와 '가노스(ganos)'에서 유래된 것으로 오로스는 산을 뜻하고 가노스는 즐거움을 뜻하여 산의 즐거움이라는 의미로 유래되었다.

오레가노는 병충해와 추위에 잘 견디기 때문에 생명력이 강하다고 알려져 있다. 그러나 일주일이상 햇볕을 쐬지 못하면 시들어버리다가 그대로 죽는다.

오레가노는 꽃이 피는 시기에 수확하여 건조시켜 주로 향신료로 사용된다.

꿀풀과 체리세이지
Salvia officinalis L.

꽃피는 시기 | 7~10월

특　　　징 | 옛 아라비아 속담에 세이지를 심은 집에서는 죽은 사람이 없다는 말이 있을 정도로 널리 애용되어 온 약초 중에 하나인 체리세이지는 체리와 같은 향을 가지고 있는 세이지라고 해서 붙여진 이름이다.

작고 붉은 꽃이 봄부터 가을까지 피어 조경용으로 매우 인기가 높은 허브종류이다. 하지만 추위에 약하기 때문에 월동은 따뜻한 곳에서 해야 한다.

꿀풀과 초코민트
Mentha x piperita piperita

꽃피는 시기 | 6~7월

특 징 | 잎이 밝은 초콜릿 빛을 띤다고 하여 이름 붙여진 초코민트는 페퍼민트와 스피어민트가 섞여 있는 듯한 향기를 가지고 있다. 짙은 자주색의 줄기와 붉은 기가 감도는 잎이 특징이다.

상쾌한 향기와 청량감이 있고, 살균, 방부작용이 뛰어나고, 구취를 예방하는 효과가 커서 치약의 재료로 쓰이기도 한다.

꿀풀과 파인애플민트
Mentha suaveolens 'Variegata'

꽃피는 시기 | 7~9월

특 징 | 잎의 바깥쪽에 흰색의 테가 있는 것이 특징인 파인애플민트는 달콤한 파인애플 향과 민트의 향이 혼합되어 있어 붙여진 이름이다.

다른 민트들에 비해 내한성이 조금 약하지만 비교적 일조량이 짧아도 잘 자라는 편이다. 꽃은 흰색으로 다른 민트보다 겨울의 늦은 시기까지 자란다.

꿀풀과 페퍼민트
Mentha piperita

꽃피는 시기 | 7~9월

특 징 | 페퍼민트는 워터민트와 스피어민트의 교잡종으로, 향기가 후추(peper)의 톡 쏘는 성질과 닮았다고 하여 이름 붙여졌다.

꽃은 7~9월에 연보라색으로 윗부분과 가지의 엽액에 모여 달리며 층을 이룬다. 상쾌한 향 때문에 치약에 첨가되기도 하고, 달인 액이나 생잎을 부수어 타박상 치료에도 쓰인다.

돌나물과 돌나물
Sedum sarmentosum Bunge

꽃피는 시기 | 5~6월

특 징 | 이른 봄에 김치를 담가 먹거나 어린 순을 나물로 무쳐 먹는데, 흔히 돈나물이라고도 한다.

전국 각지에 널리 분포하고 들판이나 산록의 양지 바른 풀밭 속에서 또는 바위틈에서 난다. 기후는 가리지 않으나 토질은 다소 습한 보수력이 있는 땅이면 어느 토질에서도 잘 자란다. 뽑아서 아무데나 버려두어도 곧 뿌리를 내려 살아날 정도로 번식력이 매우 강하다.

돌나물과 섬기린초
Sedum takesimense Nakai

꽃피는 시기	6~7월
특　　　징	울릉도가 원산인 우리나라 특산식물이다. 다른 기린초와 달리 50cm까지 높이 자라며, 겨울동안 살아남아 있다가 봄이 되면 다시 싹이 나와 자라며, 줄기가 옆으로 비스듬히 뻗으며 자란다.

6~7월경 노란색의 꽃이 핀다. 줄기 밑부분 30cm 정도가 겨울에 살아 있다가 다음해 봄에 싹이 나온다.

마편초과 층꽃나무
Caryopteris incana (Thunb.) Miq.

꽃피는 시기 | 7~9월

특 징 | 꽃이 피는 모양이 줄기를 중심으로 계단처럼 층을 이루고 피기 때문에 붙여진 이름이다.

7~9월 잎겨드랑이에서 보라색 꽃이 모여 피며 식물체에서 상쾌한 박하향이 난다. 암술대는 2개로 갈라지고 4개의 수술 중 2개는 길며 모두 꽃 밖으로 길게 나온다.

남부지방의 산과 들에서 자란다.

미나리아재비과 매발톱

Aquilegia buergeriana var. *oxysepala* (Trautv. & Meyer) Kitam.

꽃피는 시기 | 5~7월

특   징 | 꽃의 뒤쪽에 달린 꿀주머니의 모양이 마치 매가 발톱을 오므린 모양이라 하여 유래된 이름이다.

5~7월 꽃받침은 적갈색이고 꽃잎은 노란색 꽃이 피며 꽃자루 끝에 한 송이씩 아래를 향하여 핀다.

계곡과 풀밭 양지바른 곳에 주로 자란다.

미나리아재비과 할미꽃
Pulsatilla koreana (Yabe ex Nkai) Nakai ex Mori

꽃피는 시기 | 3~5월

특 징 | 전체가 흰 털로 덮여 있기도 하지만 꽃이 지고 난 후에 씨가 맺히면 마치 할머니의 백발 같아 보여 유래되었다.

3~5월 꽃잎처럼 보이는 꽃받침은 붉은 자주색이며 그 안에 수술과 암술이 달리고 땅을 향해 핀다. 양지바른 풀밭에서 자란다.

백합과 맥문동
Liriope platyphylla F.T.Wang & T.Tang

꽃피는 시기	|	5~8월
특 징	|	한자어 '맥문동(麥門冬)'에서 유래하였는데 잎의 모양이 보리를 닮았고 겨울에도 잎이 마르지 않고 푸르다는 의미를 가지고 있다.
		7~8월 잎 사이에서 자란 꽃줄기에 보라색 꽃이 촘촘하게 피며 잎은 선 모양으로 가늘고 길다. 산지의 나무 그늘에서 자란다. 잔디 대신 조경용으로 쓴다.

백합과 무스카리
Muscari armeniacum Leichtlin ex Baker

꽃 피 는 시 기 | 4~5월

특   징 | 속명 Muscari는 향기가 뛰어나기 때문에 '사향(麝香)'을 뜻하는 그리스어에서 유래되었다.

4~5월에 단지 모양의 연보라색의 꽃이 피며 윗부분은 생식력이 없는 꽃과 아랫부분은 생식력이 있는 꽃이 밀집해서 핀다. 구근은 8~9월에 심는다. 햇볕이 잘 드는 사질양토에서 잘 자란다.

백합과 비비추
Hosta longipes (Franch. & Sav.) Matsum.

꽃 피 는 시 기 | 7~8월

특   징 | 잎의 모양이 꼬이거나 뒤틀려 있는 나물이라고 하여 유래된 이름이다.

꽃은 7~8월에 피고 꽃대는 길이 30~40cm로서 길이 4cm의 연한 자주색 꽃이 한쪽으로 치우쳐서 총상으로 달린다. 암술이 길게 꽃 밖으로 나온다. 산지의 냇가나 습기가 많은 곳에서 잘 자란다.

잎과 줄기가 따로 구분되지는 않는데, 잎이 모두 뿌리에서 돋아 비스듬히 퍼진다.

백합과 옥잠화
Hosta plantaginea (Lam.) Aschers.

꽃 피 는 시 기 | 7~9월

특   징 | 한자어 '옥잠화(玉簪花)'에서 유래하였는데 꽃봉오리의 모습이 옥으로 만든 비녀와 같다고 하여 붙여진 이름이다.

7~9월 비녀모양의 흰색 꽃이 피며 꽃은 해가 지는 저녁에 피고 아침에 오므라든다. 반음지나 음지 식물이기 때문에 강한 광은 피한다.

백합과 원추리
Hemerocallis fulva (L.) L.

꽃피는 시기 | 7~8월

특 징 | 중국명인 훤초(萱草)에서 유래되어 변해서 불리는 과정에서 원초, 원추로 변형되었다. 여인들이 원추리를 가까이하면 아들을 낳았다고 유래하여 득남초, 아들을 낳으면 근심이 사라진다고 하여 망우초라고 불리기도 한다.

7~8월에 잎 사이에서 나온 긴 꽃줄기 끝에서 가지가 갈라져 백합 비슷하게 생긴 6~8개의 등황색 꽃이 총상 꽃차례를 이루며 개화한다. 꽃은 아침에 피었다가 저녁에 시들며 계속 다른 꽃이 달린다. 9~10월 넓은 타원형의 삭과를 맺는데 익으면 삼각형으로 벌어진다.

백합과 은방울꽃
Convallaria keiskei Miq.

꽃피는 시기 | 4~5월

특 징 | 꽃줄기 윗부분에 흰색의 꽃모양이 은색 방울 같다하여 붙여진 이름이다.

5월 꽃줄기 윗부분에서 흰색 꽃이 조롱조롱 매달려 피고 성모 마리아의 꽃이라고 하며, 청아함의 상징이다. 향기가 은은하여 고급향수의 재료로 쓰인다. 산지의 반그늘에서 잘 자라고 관상용으로 화분에 심어 기른다.

백합과 차이브
Allium schoenoprasum

꽃피는 시기 | 6~8월

특 징 | 차이브는 마늘과 양파와 같이 파속식물로 알려져 있으나 파 냄새는 없다.

꽃은 1개월 정도 피는데 6, 7월에 걸쳐 분홍, 보라 담자색에 가까운 작고 귀여운 꽃이 반원형의 독특한 모양으로 계속 피어난다.

유럽의 요리에서는 빠지지 않는 향신료이다.

백합과 참나리
Lilium lancifolium Thunb.

꽃피는 시기 | 7~8월

특 징 | 참은 상대적으로 사람에게 가깝고 유익한 것 또는 화려함을 뜻하며 '나리'는 일정한 대상보다 높다는 뜻을 가진 '낫다'의 옛말인 나으리 혹은 나물을 의미하는 말에 기원을 두고 있다. 참나리는 크고 화려해서 붙여진 이름이다.

7~8월 줄기 끝에 4~20개의 진한 주황색 꽃이 아래를 향해 피며 잎겨드랑이의 주아로 번식한다. 산의 양지바른 곳에서 자란다.

범의귀과 돌단풍
Mukdenia rossii (Oliv.) Koidz.

꽃피는 시기 | 4~5월

특 징 | 냇가의 바위 겉이나 바위틈에서 자라며, 바위 겉에 단풍나무 잎처럼 생긴 잎이 달린다고 해서 이름이 '돌단풍'이다.

꽃은 보통 하얀색이고 담홍색을 띠기도 하며, 꽃대는 잎이 없고 5월에 비스듬히 자라서 높이가 30cm에 달한다. 잎은 뿌리줄기에서 바로 2~3장이 나오는데 단풍나무 잎처럼 5~7갈래로 갈라진다. 뿌리줄기는 매우 굵고 비늘 모양의 포(苞)로 덮여 있다. 반그늘지고 습한 곳에서 잘 자라며, 뿌리줄기를 잘라 바위틈에 심어두면 새싹이 나오기도 한다.

지피식물

범의귀과 바위취
Saxifraga stolonifera Meerb.

꽃피는 시기	|	7~8월
특 징	|	바위틈사이에서 주로 자라는 취나물이라는 뜻으로 일반적인 취종류가 국화과인데 비해 범의귀과이다.

5~7월에 피는 꽃은 5장의 꽃잎으로 이루어져 있으나 아래 2장은 길고 무늬가 없고, 위쪽 3장은 작고 붉은색 무늬가 있는 것이 특징이다. 땅을 기는 줄기가 뻗으며 살 눈에 의해 무성으로 번식한다.

벼과 털수염풀(포니테일)
Nassella tenuissima

꽃피는 시기 | 5~6월

특 징 | 털수염풀은 그라스 품종 중 하나로 이른 봄에도 효과적인 품종이다. 잎이 매우 부드러워 바람에 흔들리는 모습이 매우 아름답다.

건조한 양지를 좋아하여 여름철 고온과 다습에는 취약해 배수에 유의해야한다. 저온에서도 상록을 유지하지만 중부지방에서는 월동에 유의해야한다.

벼과 팜파스그라스
Cortaderia selloana Aschrs. et Graebn.

꽃피는 시기 | 9~10월

특 징 | 팜파스그라스는 남미의 초원지대를 뜻하는 팜파스(Pampas)와 풀을 뜻하는 그라스(Grass)가 붙여져 남미 대초원지대가 원산인 억새와 비슷한 풀을 말한다.

높이 1~3m 정도 자라는 반상록성 다년초로 큰 것은 6m정도 자라고 잎은 대부분 좁고 길다. 잎은 억세고 뻣뻣하여 만지면 손이 베어진다. 주로 암꽃이삭은 흰색 또는 분홍색이다.

벼과 퍼플폴
Miscanthus sinensis "Purple Fall"

꽃피는 시기	5~7월
특 징	억새의 한 종류로, 잎이 적보라색으로 퍼플폴이라는 이름이 붙었다. 꽃은 분홍색으로 5~7월에 핀다. 다년초로 60~80cm정도로 자라며, 번식력과 생명력이 매우 좋다. 꽃꽂이 소재로도 많이 사용되며, 포인트 조경 소재로도 많이 사용된다.

벼과 핑크뮬리
Muhlenbergia japonica Steud.

꽃피는 시기	9~11월
특 징	꽃은 양성화로 9~11월 분홍빛이나 연한 자줏빛, 보랏빛의 꽃이 수상꽃차례가 모여 원추꽃차례를 이루고, 꽃의 모양은 납작하다. 높이 90cm정도 모여 자라며, 뿌리가 옆으로 뻗지 않고, 줄기는 곧게 서며 마디에 털이 있다.

줄 모양으로 줄기에서 나며, 잎 몸은 털이 없고, 대체로 편평하나 간혹 가장자리가 말려 더 좁아 보이며, 너비가 끝으로 갈수록 얇아져 실처럼 되고, 잎 집에는 털이 없으며, 잎 혀는 막으로 되어 있고 가는 털이 없다.

부처꽃과 부처꽃
Lythrum anceps (Koehne) Makino

꽃피는 시기 | 7~8월

특   징 | 음력 7월 15일 백중날 부처님께 이 꽃을 바쳤다하여 유래한 이름이다.

7~8월 줄기와 가지 윗부분의 겨드랑이에서 3~5개의 붉은 보라색 꽃이 돌아가면서 핀다. 높이 1m에 달하고 곧게 자라며 많이 갈라진다.

생명력이 강하고 습지에서 주로 자라 하천복원이나 생태공원 조성에도 유용하게 사용된다.

붓꽃과 꽃창포
Iris ensata var. *spontanea* (Makino) Nakai

꽃피는 시기 | 6~7월

특 징 | 옛 조상들이 꽃이 특별히 아름답지 않으면서도 머리를 감았던 창포와는 다르게 꽃이 유난히 아름답다고 하여 유래된 이름이다.

6~7월 줄기 끝에 진한 붉은 보라색 꽃이 피며 외화피의 가운데 노란색 무늬가 있기 때문에 쉽게 구별할 수 있다. 산과 들의 습지에서 자란다.

산림청지정 희귀식물이다.

붓꽃과 노랑꽃창포
Iris pseudacorus L.

꽃 피 는 시 기 | 5월

특   징 | 유럽 원산으로 화려한 노란색 꽃이 피는 꽃창포라 하여 유래된 이름이다. 5월 줄기 윗부분에 노란색 꽃이 피며 외화피가 넓은 달걀 모양이고 아래로 축 처진다. 연못가에 주로 자란다. 잎은 너비 2~3cm로서 길이가 1m에 달하는 것도 있으며 이열로 배열하며 양면에 융기한 주맥이 있다.

붓꽃과 노랑붓꽃
Iris koreana Nakai

꽃 피 는 시 기 | 4~6월

특   징 | 꽃이 노란색으로 피기 때문에 붙여진 이름으로, 붓꽃은 개화 전 꽃봉오리의 모양이 먹물을 머금은 붓꽃과 닮아서 유래된 이름이다.

노랑붓꽃은 나무가 많은 숲속 그늘이나 등산로가 인접해 계곡 주변의 습한 곳에서 주로 서식하는데, 10~20cm의 작은 식물 길이에 비해 꽃이 크고 매력적이다. 주로 4~5월 지름 2.5cm정도의 노란 꽃이 피며, 타원형으로 끝이 파지고 곧추서는 황백색의 꽃잎이 자란다.

붓꽃과 범부채
Belamcanda chinensis (L.) DC.

꽃피는 시기	7~8월
특 징	꽃잎의 붉은색 얼룩무늬가 호랑이 털가죽처럼 보이고 넓은 잎이 마치 접이부채를 전반쯤 펼쳐 놓은 것같이 생겼다고 하여 유래하였다.

7~8월 줄기 윗부분의 갈라진 가지마다 주황색 바탕에 검붉은 반점이 있는 꽃이 피며 열매의 씨는 검고 광택이 있다. 산지의 풀밭에서 자란다. 산림청지정 희귀식물이다.

붓꽃과 애기범부채
Tritonia crocosmaeflora Lemoine

꽃피는 시기	7~9월
특 징	속명 'Crocosmia'는 그리스어로서 '샤프란의 향'이라는 뜻을 가지고 있는데, 이는 꽃에서 샤프란과 유사한 향이 난다고 붙여진 이름이다. 'Lucifer'는 '빛을 가져오는'이라는 의미로 꽃의 색깔이 붉은 것에서 유래되었다. 애기범부채는 범부채보다 키가 작고 꽃잎에 얼룩무늬가 없지만 꽃잎 색이 좀 더 진한 진홍빛이다. 7~8월에 한줄기에 10개 이상의 꽃을 맺는데 여러 개의 꽃봉오리를 벼이삭처럼 숙이며 주홍빛 꽃을 피운다.

사초과 노랑줄무늬대사초
Carex siderosticta

꽃피는 시기 | 4~5월

특 징 | 옆으로 뻗는 뿌리줄기로 군집을 이루고 세모진 줄기가 30cm 높이로 자란다. 잎의 폭은 15~30cm 정도로 대나무 잎과 비슷하게 생겼다. 옆초에는 잎이 없고 갈색을 띤다.

7월에 꽃줄기 끝에 4~8개의 잔이삭이 달리는데, 위쪽에는 갈색의 수꽃이삭이, 아래쪽에는 녹색의 암꽃이삭이 달린다. 암술대는 곧고 3개로 갈라진다. 타원형의 과포는 반점이 있으며 열매는 수과로 타원형이며 7~8월에 익는다.

사초과 무늬사초
Carex maculata Boott

꽃피는 시기		4~5월
특 징		광택이 있는 진녹색 잎의 중앙을 따라 굵고 선명한 연노랑 무늬가 발달해 있어 무늬사초라는 이름이 붙었다. 상록성으로 내한성이 비교적 강하나 매우 추운 곳에서는 겨울에 잎이 갈변한다.

반구형의 초형에 보기 좋게 휘어 늘어지는 모습이 보기 좋아 다양한 정원이나 화단에 많이 이용된다. 이른 봄 새순이 자라기 전에 묵은 잎을 잘라주는 것이 병해의 예방과 경관의 유지를 위해 좋다.

사초과 에버골드사초
Carex oshimensis Evergold

꽃피는 시기	4~5월
특 징	황금사초라고 불리기도 하는 에버골드사초는 밝은 골드 빛의 잎에 가장자리 녹색의 띠를 두르고 있으며 풀이 무성하고 우아하며 아치형 덩어리로 밝은색 꽃들과 조화를 이루며 연못 옆이나 가장자리에 심어도 잘 보인다. 양지나 음지를 가리지 않고 잘 자란다. 상록성으로 내한성이 비교적 강하나 매우 추운 곳에서는 겨울에 잎이 갈변한다.

사초과 은사초
Carex conica 'Snowline'

꽃피는 시기 | 4~5월

특 징 | 온대지방 이상의 습지에서 자라며, 열매는 렌즈형 또는 세모형이고 잎은 주로 뿌리에서 돋는다. 추위에도 매우 강하고 상록성으로 겨울에도 푸른빛을 유지하는 사초이다.

햇빛과 건조에도 강한 편으로 배수가 잘 되면 종종 죽기도 한다.

사초과 흰줄무늬대사초
Carex morrowii F

꽃피는 시기 | 4~5월

특 징 | 잎이 가장자리에 흰 줄무늬가 있고 대나무 잎을 닮아 흰줄무늬대사초라는 이름이 붙었다.

음지에서 잘 자라며 피복력이 매우 우수하다. 돌 틈 식재나 포인트 식물로 좋고 소나무 하부식재가 가능하며 음지에 군식을 하면 좋다.

석죽과 상록패랭이
Dianthus chinensis var. *semperflrens*

꽃 피 는 시 기	|	6~8월
특　　　징	|	겨울에도 죽지 않고 살아있는 패랭이꽃이라 하여 상록패랭이라고 이름이 붙었는데, 사계패랭이, 사철패랭이라고 불린다.
		6~8월에 연분홍색의 꽃이 아름답게 피어 잎과 보색관계를 이루어 뛰어난 경관을 연출한다. 건조한 곳에서도 생육이 잘 된다.

석죽과 왜성술패랭이
Dianthus superbus var. *longicalycinus*

꽃피는 시기	7~8월
특 징	꽃은 연홍색으로 끝이 술처럼 잘게 갈라져 독특한 아름다움을 주며 향기도 매우 좋다. 열매는 긴 삭과이며 종자는 납작하고 검은색으로 발아가 잘 된다. 내한성이 강하며 여름철 더위에도 강하여 척박지에서도 잘 성장한다. 초장이 짧고 잎이 로제트 상태로 밀집되어 있어 다른 패랭이종류보다 관상가치가 높고 지면 피복효과도 좋다. 조경상 식재시 공원이나 잔디밭 위의 화단, 가로화단에 식재하면 사계절 뛰어난 지피효과가 있으며 분화용으로도 좋다.

지피식물

쇠비름과 땅끝채송화
Sedum oryziflium Makino

꽃피는 시기 | 6~7월

특 징 | 갯채송화라고도 불리며 바닷가에서 자란다고 하여 땅채송화라고 한다. 6~7월에 노란색의 꽃이 핀다. 잎이 다른 채송화에 비해 원통모양으로 촘촘히 돌려나며, 크기도 작다.

수선화과 꽃무릇
Lycoris radiata (L'Her.) Herb.

꽃피는 시기 | 9~10월

특 징 | 땅속에 있는 타원 모양의 비늘줄기가 단단하여 '돌처럼 단단한 마늘'이라는 뜻에서 유래된 이름이다.

꽃이 진 다음에 잎이 돋아나기 시작하여 다음해 봄까지 자라다가 여름에는 말라 없어진다. 9~10월 꽃줄기 끝에 진홍색 꽃이 화려하게 핀다. 남부지방의 산기슭에서 자란다.

수선화과 수선화
Narcissus tazetta var. *chinensis* Roem.

| 꽃피는 시기 | 12~3월 |

특 징 | 그리스신화에 나오는 미소년 나르시스(나르키소스)가 제 모습에 반하여 죽어 꽃이 되었다고 하여 그 꽃의 이름을 나르키소스 Narcissus라 부르게 되었다. 수선화란 단어는 중국에서 유래해 이름 그대로 '물에 있는 신선'을 뜻한다.

꽃은 12~3월에 피며 판통은 길이 18-20mm, 꽃대는 높이 20-40cm이고 포는 막질이며 길이 5-6.5cm이고 꽃봉오리를 감싸며 화경 끝에 5-6개의 꽃이 옆을 향해 달린다. 꽃핀 후 결실치 않으므로 종자의 모양은 불투명하다.

쥐손이풀과 로즈제라늄
Pelargonium graveolens

꽃피는 시기 | 7~10월

특 징 | 로즈제라늄은 전 세계의 유통되는 장미향의 대다수가 로즈제라늄에서 추출한 장미향이라 할 정도로 매우 고급스럽고 짙은 장미향을 가지고 있는 허브이다.

해가 잘 들고 배수가 좋으며 양분이 풍부한 흙에서 잘 자란다. 내한성이 없는 편이기 때문에 온도관리에 신경을 써야한다. 요즘은 모기퇴치효과로 각광받고 있다.

지칫과 헬리오트롭
Heliotropium arborescens

꽃 피 는 시 기 | 5~9월

특   징 | 헬리오트롭은 짙은 보라색의 매우 아름다운 꽃과 바닐라, 초콜릿 같은 향을 가지고 있는 매우 독특하고 아름다운 허브이다. 'Heliotrope'은 그리스어 '해(Helio)'와 '방향을 바꿈(Tropein=Turn)'이라는 합성어로 햇살을 향해서 잎과 가지가 뻗는다고 해서 붙여진 이름이다.

여름의 고온다습한 환경에 취약하고 내한성은 없는 편이다.

천남성과 석창포
Acorus gramineus Sol.

꽃피는 시기 | 4~6월

특 징 | 석창포는 바위틈에서 사는 창포라고 하여 유래된 이름으로 여러해살이 상록식물이다.

창포와 달리 식물체 크기가 작으며 잎에 중앙맥이 없다. 땅 속에 들어간 땅속줄기는 마디사이가 길며 흰색을 띤다. 땅 위로 나온 것은 마디사이가 짧고 녹색으로 잎은 땅속줄기 끝에서 총생한다.

4~6월 꽃줄기에 노란색 꽃이 모여 피며 좋은 향기가 난다. 산지의 물가나 냇가에서 자란다.

초롱꽃과 더덕
Codonopsis lanceolata (Siebold&Zucc.) Trautv.

꽃피는 시기 | 8~9월

특 징 | 잎들이 붙어 있는 모습을 보고 '덕을 더해라'라는 뜻에서 붙여진 이름이다. 8~9월 가지 끝에 자주색 꽃이 넓적한 종모양으로 밑을 향해 달려 핀다.

사삼, 백삼이라고도 하며 뿌리는 도라지처럼 굵으며 독특한 냄새가 난다. 관상용, 식용, 약용으로 이용되며 전국에서 재배한다.

초롱꽃과 도라지
Platycodon grandiflorum (Jacq.) A.DC.

꽃피는 시기 | 7~8월

특 징 | 도라지라는 산골처녀가 중국으로 공부하러간 오빠를 기다리다 늙어서 도라지꽃이 되었다는 전설에서 유래되었다는 설과 돌아지(突兒芝) 즉, 뿌리가 어린 식물이라는 말이 변형된 것이라는 설이 있다.

7~8월 가지 끝에 보라색 꽃이 피며 더덕과 달리 향이 매우 독한 편이다. 뿌리를 건조시키는 것을 길경(桔梗)이라 하여 약초나 산채로 이용한다. 산과 들에서 자란다.

협죽도과 빈카마이너
Vinca minor L.

꽃피는 시기 | 6~8월

특 징 | 빈카의 속명인 Vinca는 '묶다'라는 라틴어 vincire에서 유래하였는데, 이는 덩굴성으로 자라는 특성을 표현한 듯하다.

3~7월 꽃이 피는 빈카마이너의 꽃은 보라색으로 꽃잎은 장이며 중심은 백색이다. 하나하나의 꽃은 하루 만에 피고지지만, 매일 새로운 꽃이 피어 거의 3개월이나 계속해서 핀다. 덩굴성 상록 소관목으로 줄기가 매우 가늘다. 줄기는 꽃이 피면 짧아지고 꽃이 안 피면 1m까지 자란다.

화본과 리틀제브라
Miscanthus sinensis 'little zebra'

꽃 피 는 시 기 |

특   징 | 산과 들에서 자라는 리틀제브라는 잎에 얼룩무늬가 있어 이름에 얼룩말을 뜻하는 제브라(Zebra)라는 이름이 붙었다. 일반 제브리너스억새에 비해 키가 작고 잎이 좁으며, 2년 이상 자라면 잎이 아치를 그리며 늘어지는 특성을 가지고 있다.

물이 더러워지면 정화도 시켜주고 더운 공기도 시원하게 해주는 수생식물이다.

화본과 수크령
Pennisetum alopecuroides (L.) Spreng.

꽃피는 시기 | 8~9월

특 징 | 하멜론이라고도 부르는 수크령은 벼과의 여러해살이풀로 우리나라 전 지역 들녘 길가에서 자생하고 있다.

꽃이삭의 생김새가 긴 브러시 모양을 하고 있으며 강아지풀보다 크다고 해서 왕강아지풀로 부르기도 한다. 사방으로 잎을 뻗어 빽빽하게 자라고 줄기가 질기고 뿌리가 단단하다.

식물체가 억세고 질기기 때문에 잎이나 꽃대를 잡아당기면 손을 베일 수도 있다. 수크령의 뿌리와 전초를 약재로도 사용하고 있다.

회양목과 수호초
Pachysandra terminalis Siebold & Zucc.

꽃피는 시기 | 4~5월

특 징 | 수호초는 흰 꽃이 아름답고 향기가 좋아 '빼어나게 좋은 꽃'이라는 의미로 수(秀)가 가진 이삭이라는 의미를 살려 '이삭 꽃이 지는 좋은 꽃'이라는 뜻에서 유래되었다.

꽃은 일가화로 4~5월에 피고 암꽃은 꽃이삭 밑 부분에 약간 달리고 수꽃은 윗부분에 많이 달린다. 원줄기가 옆으로 뻗으면서 끝이 곧추 서고 녹색이며 처음에는 잔털이 있으나 점차 없어진다.

지피식물

부 록
supplement

- 정원도감 열람표

ㄱ	
가시나무	80
갈참나무	81
감국	93
감나무	22
개나리	42
개쉬땅나무	60
개오동나무	31
구절초	94
꽃댕강	56
꽃무릇	149
꽃범의꼬리	103
꽃잔디	102
꽃창포	136
꽃치자	25
꽝꽝나무	23

ㄴ	
낙상홍	24
남천	38
노각나무	79
노랑꽃창포	137
노랑붓꽃	138
노랑줄무늬대사초	141
느릅나무	28
느티나무	29

ㄷ	
단풍나무	32
대추나무	21
더덕	154
도라지	155
돈나무	35
돌나물	116
돌단풍	129
돌배나무	61
땅끝채송화	148
때죽나무	36
뚝향나무	14

ㄹ	
라벤더	104
레몬밤	105
로즈마리	106
로즈제라늄	151
리틀제브라(꿩의깃)	157

ㅁ	
말발도리	49
매발톱	119
매화나무	62
맥문동	121
메타세콰이어	9
모감주나무	41
모과나무	63
목련	39
무궁화	53
무늬병꽃	57
무늬사초	142
무늬쑥부쟁이	95
무스카리	122

ㅂ	
바위취	130
박하	107
반송	11
배롱나무	51
백리향	108
벌개미취	96
범부채	139
부처꽃	135
붉가시나무	82
비비추	123
빈카마이너	156

뽕나무	52

ㅅ

산국	97
산벚나무	64
산수유	84
산철쭉	73
산톨리나	98
살구나무	65
삼색버드나무	46
상록패랭이	146
상수리나무	83
서어나무	59
석창포	153
섬기린초	117
소나무	10
수선화	150
수수꽃다리	43
수양벚나무	66
수크령(하멜론)	158
수호초	159
쉬나무	55
스피아민트	109
신나무	33
쑥부쟁이	99

ㅇ

아주가	110
안개나무	54
애기범부채	140
양버들	47
에메랄드 골드	15
에메랄드 그린	16
에버골드사초	143
영산홍	74
오레가노	111
옥잠화	124
왕버들	48
왕벚나무	67
왜성술패랭이	147
원추리	125
은목서	44
은방울꽃	126
은사초	144
은행나무	13
이팝나무	45

ㅈ

자목련	40
자산홍	75
자엽병꽃	58
자엽자두	68
조각자나무	87
조릿대	50
조팝나무	69
좀작살	37
주엽나무	88
진달래	76

ㅊ

차이브	127
참나리	128
참빗살나무	26
철쭉	77
청단풍	34
체리세이지	112
초코민트	113
층꽃나무	118
층층나무	85

ㅋ

카모마일	100

ㅌ

털머위	101
털수염풀(포니테일)	131

ㅍ

파인애플민트	114
팜파스그라스	132
팽나무	30
퍼플폴	133
페퍼민트	115
핑크뮬리	134

ㅎ

할미꽃	120
향나무	17
헬리오트롭	152
홍가시	70
홍벚나무	71
화백	18
화살나무	27
황금국수	72
황금소나무	12
회양목	90
회화나무	89
흰말채나무	86
흰줄무늬대사초	145
흰철쭉(백철쭉)	78

기획·편집 | 경상북도산림환경연구원 원장 **구지회**
산림환경과장 **최영창**
산림환경담당 **전원찬**
녹 지 연 구 사 **고수선**

정원도감

초판 인쇄 2021년 11월 19일
초판 발행 2021년 11월 22일

저　자 경상북도산림환경연구원
발행인 김갑용

발행처 진한엠앤비
주소 서울시 서대문구 독립문로 14길 66 205호(냉천동 260)
전화 02) 364 - 8491(대) / 팩스 02) 319 - 3537
홈페이지주소 http://www.jinhanbook.co.kr
등록번호 제25100-2016-000019호 (등록일자 : 1993년 05월 25일)
ⓒ2021 jinhan M&B INC, Printed in Korea

ISBN 979-11-290-2544-9　(93520)　　　[정가 18,000원]

☞ 이 책에 담긴 내용의 무단 전재 및 복제 행위를 금합니다.
☞ 잘못 만들어진 책자는 구입처에서 교환해 드립니다.
☞ 본 도서는 [공공데이터 제공 및 이용 활성화에 관한 법률]을 근거로 출판되었습니다.